Unzählige Sterne leuchten am nächtlichen Himmel und haben die Menschen schon immer fasziniert. Spätestens seit der Antike wurden diese einzelnen Sterne zu Sternbildern verknüpft. Ulf von Rauchhaupt beschreibt sie alle, von Andromeda bis Ursa Maior, der großen Bärin. Seine knappen kurzweiligen und informativen Porträts führen ein in die Welt der Sternbilder, ihre Geschichte und den kulturellen wie wissenschaftlichen Hintergrund – und machen Lust darauf, in einer sternklaren Nacht staunend nach oben zu blicken und sie dort wiederzufinden.

*Ulf von Rauchhaupt, geb. 1964, studierte Physik und Philosophie und war von 1993 bis 1998 wissenschaftlicher Mitarbeiter am Max-Planck-Institut für Extraterrestrische Physik in Garching. Nach zwei Jahren als Research Fellow am Max-Planck-Institut für Wissenschaftsgeschichte in Berlin arbeitete er als wissenschaftlicher Mitarbeiter am Deutschen Museum in München. Seit 2001 ist er Redakteur bei der Frankfurter Allgemeinen Zeitung. Im Jahr 2002 erhielt er den Georg-von-Holtzbrinck-Preis für Wissenschaftsjournalismus, 2006 den Journalistenpreis der Deutschen Mathematiker Vereinigung. 2009 den Hanno und Ruth Roelin-Preis der Astronomischen Gesellschaft sowie den Werner und Inge Günter-Preis für Wissenschaftsvermittlung.*

*Weitere Informationen, auch zu E-Book-Ausgaben, finden Sie bei www.fischerverlage.de*

ULF VON RAUCHHAUPT

# In den Sternen

*Die 88 Konstellationen im Portrait*

Mit Graphiken von Eckhard Kaiser

FISCHER Taschenbuch

Erschienen bei FISCHER Taschenbuch
Frankfurt am Main, November 2013

© S. Fischer Verlag GmbH, Frankfurt am Main 2013
Satz: pagina GmbH, Tübingen
Druck und Bindung: GGP Media GmbH, Pößneck
Printed in Germany
ISBN 978-3-596-19653-1

P. Gregor Helms OSB,
meinem Lehrer am Gymnasium bei St. Stephan in Augsburg,
in Dankbarkeit gewidmet

# Inhalt

# Zur Einführung

Sternbilder sind keine Naturdinge. Sie sind Produkte menschlicher Phantasie und unseres kosmischen Standpunktes. Von den markanten Fixsternen ein und derselben Konstellation können die einen nur wenige Lichtjahre von Sonne und Erde entfernt sein, während andere hundert- oder gar tausendmal weiter weg sind. Die Figur, die sie bilden, gibt es daher so nur für uns. Von anderen Planetensystemen aus gesehen, ergäben ihre Anordnungen im Raum ganz andere Figuren.

Das vorliegende Bändchen ist daher kein Astronomiebuch, auch wenn die 88 Sternbilder, die es vorstellt, von der Internationalen Astronomischen Union definiert und anerkannt sind. Die Texte erschienen zwischen Oktober 2010 und Juli 2012 als Serie im Wissenschaftsteil der Frankfurter Allgemeinen Sonntagszeitung. Dort wird nicht nur über naturwissenschaftliche Themen berichtet, sondern regelmäßig auch über solche aus den Kulturwissenschaften, insbesondere der Altertumsforschung. Auf knappem Raum wollen die Portraits die Sternbilder daher von möglichst mehreren Seiten zeigen: als geistesgeschichtliche

Phänomene, Schatz an Mythen und Geschichten und als Orte aktueller astrophysikalischer Forschung.

Auch wenn die Sternbilder selbst keine astrophysikalische Tatsachen sind, so verdanken sie sich doch einer solchen, nämlich dem Umstand, dass unsere Sonne sich an ihre galaktische Umgebung mit vielen, aber nicht zu vielen anderen Sternen teilt. Befände sie sich jenseits des Randes unserer Heimatgalaxie oder sogar irgendwo draußen in den Weiten des intergalaktischen Raumes, so böte sich uns vielleicht an ein oder zwei Stellen der eindrucksvolle Anblick benachbarter Sternnebel. Doch ansonsten sähen wir nur schwarzen Himmel. Wohnten wir dagegen tief in einer sogenannten elliptischen Galaxie oder in einem Kugelsternhaufen, so stünden die Sterne in der Regel so dicht und gleichförmig am Firmament, dass wir darin ebenso selten wiedererkennbare Muster fänden wie in der Körnchenmasse eines Mohnkuchens. Doch, ob Zufall oder nicht, weder das eine noch das andere ist der Fall. Die Sonne kreist am Rande, aber nicht ganz am Rande einer flachen spiralförmigen Galaxie, der Milchstraße. Damit ergibt sich von der Erde aus gesehen ein Firmament, das weder sehr spärlich noch sehr gleichmäßig mit Sternen besetzt ist. Stattdessen ist ihre Verteilung zugleich reich und abwechslungsreich genug, um unser Auge einzuladen, darin Figuren zu erkennen.

Der Mensch dürfte das immer schon getan haben. Dabei war er nicht der erste Erdenbewohner mit einem Blick für den Sternenhimmel. Anfang 2013 veröffentlichten Biologen eine Studie, der zufolge afrikanische Mistkäfer sich beim Transport ihrer Kotkugeln am Band der Milchstraße orientieren, und schon länger ist bekannt, dass Vögel und Robben des nachts ihren Weg mit Hilfe der Sterne finden. Strukturen am Nachthimmel zu erkennen, um sich von ihnen die Richtung weisen zu lassen, das war zunächst eine lebenspraktische Übung, die noch gar keines symbolischen oder mythischen Interesses bedurfte.

Ein solches ist zuerst vor etwa 40 000 Jahren in der jüngeren Altsteinzeit nachweisbar. Aus dieser Epoche stammt die früheste erhaltene figürliche Kunst, und es ist wenig plausibel, dass Wesen, die Bildwerke schaffen, den Sternenhimmel betrachten, ohne dort Bilder zu sehen. Das müssen natürlich nicht unsere heutigen Sternbilder gewesen sein, aber vielleicht Teile davon oder aber andere auffällige Fixsterngruppierungen (»Asterismen«, wie der Fachjargon sie nennt) wie das Sommerdreieck. Überliefert sind die altsteinzeitlichen Asterismen nicht, es sei denn, man glaubt umstrittenen Hypothesen, nach denen einige Höhlenmalereien, etwa die in der Höhle von Lascaux, stellare Bezüge haben.

Spätestens in der Jungsteinzeit, die mancherorts bereits vor 10 000 Jahren einsetzte, dürfte der Fixsternhimmel eine neben der nächtlichen Orientierung zweite lebenspraktische Bedeutung bekommen haben: Die langsamen Verschiebungen der Asterismen im Laufe eines Jahres konnten kalendarische Funktionen haben, um Ackerbauern die Termine für Aussaat oder Ernte anzuzeigen. Historisch greifbar ist solche Praxis allerdings erst bei den frühesten Schriftkulturen der Sumerer und Ägypter, und bis in diese Zeit lassen sich auch einige der heute gebräuchlichen Sternbilder zurückverfolgen.

Damals war das Firmament noch voller Götter. Religion, Mythos und Lebenspraxis bildeten eine, zuweilen sehr komplex strukturierte Einheit. Im antiken Griechenland begann sich das mit dem Erwachen der theoretischen Wissenschaft zu ändern. Der vielzitierte Übergang vom Mythos zum Logos machte auch vor dem Firmament nicht halt. So befasste sich der Universalgelehrte Eratosthenes von Kyrene (etwa 276 bis 195 v. Chr.) zwar noch intensiv mit den Sagen hinter den überlieferten Sternbildern und Asterismen, doch das Streben nach einem widerspruchsfreien System überschattete jedes vielleicht noch vorhandene religiöse Interesse am Himmelsrund. Spätestens für den großen Astronomen und Geographen Klaudios Ptolemaios (etwa 90 bis 168 n. Chr.) waren die Konstellationen vor allem das, was sie in der Himmelskunde noch heute sind: ein System zur genaueren Verortung astronomischer Objekte. War mit Eratosthenes aus der Mythologie des Sternenhimmels Mythographie geworden, wurde mit Ptolemaios daraus Uranographie, eine Geographie des Himmels.

Das Werk des Ptolemaios und damit auch die bei ihm kanonisierten 48 antiken Sternbilder blieben das gesamte Mittelalter über maßgeblich – für das lateinische und byzantinische genauso wie für das arabische. Mit dem Anbruch der Neuzeit, den Entdeckungsfahrten zu den Meeren der Südhalbkugel sowie der Erfindung des Teleskops, wurde dieses System dann zu eng und zu löchrig zugleich. Neue Sternbilder wurden gesehen und Namen dafür gefunden, in denen sich nicht selten die Frömmigkeiten ihrer Epoche spiegelte: So führte der protestantische Theologe Petrus Plancius (1552 bis 1622) biblische Motive wie Kreuz oder Taube ein, und der Franzose Nicolas Louis de Lacaille (1713 bis 1762) feierte mit neuen Konstellationen wie »Mikroskop« oder »Kompass« das Zeitalter der Aufklärung. Auch an Versuchen, politische Propaganda an den Himmel zu bringen hat es nicht gefehlt.

Dem uranographischen Wildwuchs, der sich stellenweise daraus ergab, machte erst die Internationale Astronomische Union auf ihrer ersten Tagung im Rom im Jahr 1922 ein Ende. Damals wurde die Himmelskugel in 88 Areale unterteilt und ihnen definitive lateinische Namen zugewiesen, wobei jedoch auf größtmögliche Übereinstimmung mit den traditionellen Sternbildern und ihren bis dahin gebräuchlichen Namen geachtet wurde. Nur die politischen Sternbilder der Neuzeit fielen allesamt unter den Tisch. Seit 1922 ist damit genau definiert, welche Asterismen Sternbilder sind.

Die Geschichte der Sternbilder ist voller sonderbarer und nicht selten amüsanter Details, die sich am besten anhand der einzelnen Konstellationen besichtigen lassen, wozu der Leser auf den folgenden Seiten eingeladen ist. Die Texte wurden für die Buchausgabe leicht überarbeitet und in eine alphabetische Reihenfolge gebracht. Wie bereits in der Zeitung bauen sie nicht aufeinander auf und können unabhängig voneinander gelesen werden – zum Preis gelegentlicher Redundanzen. Um die erwähnten Sterne auf den beigefügten Karten auffindbar zu machen und diese nicht mit Beschriftungen zu überfrachten, wurde die auch in der modernen Astronomie und Astrophysik übliche Benennung der hellsten Sterne einer Konstellation mit griechischen Lettern verwendet. Die ausgeschriebenen Namen aller Buchstaben des griechischen Alphabets findet man bei Bedarf im Anhang auf Seite 290.

Bleibt nur noch, allen von Herzen zu danken, ohne deren Hilfe, Rat und Kritik dies alles nicht zustande gekommen wäre. Dieser Dank gilt natürlich vor allem meinen Kollegen vom Wissenschaftsressort der Frankfurter Allgemeinen Sonntagszeitung: Sonja Kastilan, Tilman Spreckelsen und Jörg Albrecht sowie Eckhart Kaiser, der alle Karten gezeichnet hat und nie klagte, wenn ich wieder einmal ganz andere Linien eingezeichnet haben wollte als die Vorlagen auf der Website der Internationalen Astronomischen Union zeigten. Nicht zuletzt danke ich auch Vlada Philipp und Katrin Bolsinger sehr herzlich für ihre engagierte Unterstützung. Gewidmet ist das Büchlein Pater Gregor Helms OSB, meinem Lehrer für Mathematik und Astronomie am Gymnasium St. Stephan in Augsburg. Denn dank ihm wurde aus meinem Staunen über die Sterne erst die Freude an der Wissenschaft dahinter.

Bad Soden am Taunus, 1. Februar 2013
UvR

# Achterschiff

**B**is in die zweite Hälfte des 18. Jahrhunderts verzeichneten alle Sternkarten ein Sternbild mit dem Namen Argo navis, das »Schiff Argo«. Natürlich sollte es jenes Gefährt darstellen, das sich einst der thessalische Prinz Iason mit Hilfe der Göttin Athene hatte bauen lassen. Dort heuerten dann so ziemlich alle Heroen an, die älter als der Trojanische Krieg sind, darunter etwa Herakles, Theseus oder Peleus, der Vater des Achill. Mit dieser fünfzig Mann starken Superheldentruppe, den Argonauten, segelte Iason dann nach Kolchis ins heutige Georgien, um das Goldene Vlies zu ergattern. Für dieses Fell des sagenhaften Widders Chrysomallos (»Goldflocke«) hoffte Iason, den Thron seiner Heimatstadt Iolkos zu erlangen, der seinem Vater geraubt worden war.

Die Argonautensage ist ähnlich abenteuerlich wie die heute bekanntere Irrfahrt des Odysseus und war bei Griechen und Römern äußerst beliebt. Wie sehr, das lässt sich auch an der Dimension des Sternbildes ablesen, das sie verherrlichte. Es nahm mehr als ein Zwölftel des Himmelshalbrunds ein und war damit die größte der 48 antiken Konstellationen – dreißig Prozent größer als die zweitplatzierte Hydra.

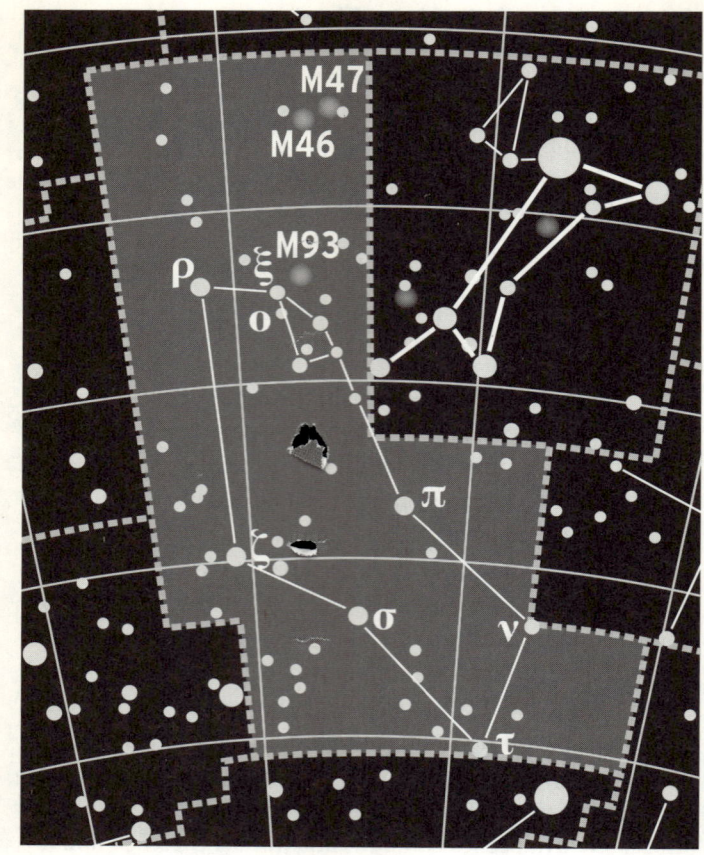

*Vierbeiner achteraus. Da schließt sich das Sternbild Großer Hund an.*

Zu groß, befanden französische Astronomen in den 1760er Jahren. Zu dieser Zeit waren Europäer nämlich schon lange auf allen Weltmeeren unterwegs und hatten festgestellt, wie viel es in dem Riesensternbild zu sehen gibt. Teile des Milchstraßenbandes vor allem – und darin etliche offene Sternhaufen wie M46, M47 und M93, die Charles Messier um diese Zeit in seinen Katalog 110 bemerkenswerter Himmelsobjekte aufnahm, oder der bereits mit bescheidenen Teleskopen gut beobachtbare Sternhaufen NGC 2477.

Von Griechenland aus gesehen, erhebt sich das Schiff Argo jedoch nie besonders weit aus dem oft dunstigen Himmel im Süden, und in unseren Breiten spitzen alljährlich nur im Januar die Heckaufbauten der Argo über den Horizont. Daher zerlegten die neuzeitlichen Himmelskundler das Schiff kurzerhand in drei handlichere Teile: die Segel (lateinisch Vela), den Schiffskiel (Carina) und – als größtes der drei – das Achterdeck (Puppis). Allerdings ging man dabei nicht so weit, nun auch die Bezeichnungen der hellen Sterne zu ändern, so dass jeder griechische Buchstabe im ganzen Feld der früheren Argo bis heute nur einmal auftaucht. Daher gibt es im Achterdeck keinen Stern α und auch kein β oder γ. Vielmehr ist der hellste Stern hier erst der blaue Überriese ζ Puppis.

# Adler

Bei manchen Sternbildern kann man endlos darüber debattieren, wie die Sterne korrekt zu verbinden sind. Auch den Adler (lateinisch Aquila) muss man nicht zwingend so sehen wie hier gezeigt. Andere Himmelskarten ziehen Linien zwischen den Sternen $\vartheta$ und $\beta$ Aquilae sowie zwischen $\gamma$ und $\zeta$, um die Schwingen des Vogels zu verdeutlichen. Beide Male jedoch wird der Hauptstern $\alpha$ Aquilae alias Atair oder Altair zum Kopf gezählt. Doch schon der arabische Name, der von »An-nusar at-ta'ir« (fliegender Adler) kommt, weckt Zweifel, ob diese Sicht eine allzu lange Tradition hat.

Nicht, dass man in diesem markanten Areal, wo dunkle Materiewolken die Milchstraße in zwei Bänder teilt, nicht schon früh die Gestalt eines Adlers gesehen hätte. Einen »Mul a Mushen«, Stern des Vogels, erkannten hier bereits im dritten Jahrtausend vor Christus die Sumerer. Und spätestens für ihre babylonischen Nachfolger war jener Vogel ein Adler. Wie in anderen Fällen übernahmen ihn die Griechen und machten sich ihren eigenen mythologischen Reim darauf. Für sie war der Adler ein Attribut des Zeus, doch ließ das viele Möglichkeiten offen. In einer

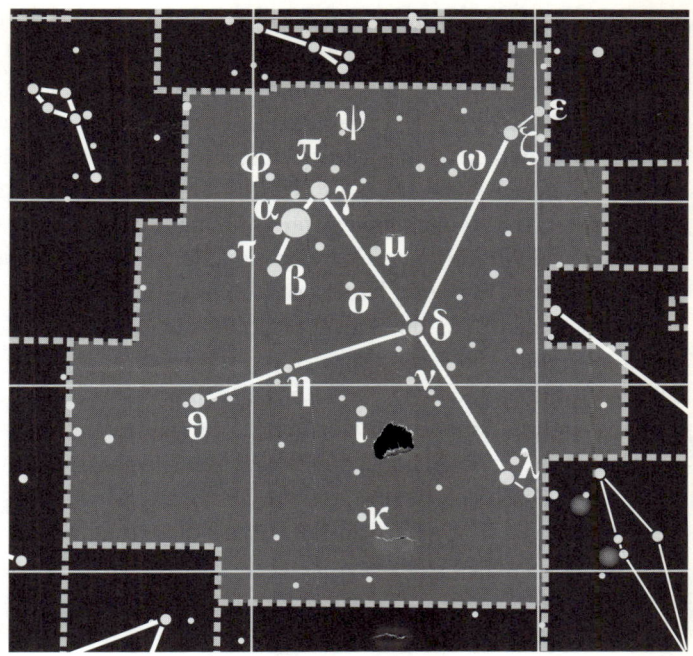

*Bei Zeus, wo hat er nur seinen Kopf?*

Interpretation verfolgt der göttliche Adler das weiter nördlich gelegene Sternbild Schwan. Doch dies passt nicht zu dessen Orientierung, nach der die beiden Vögel dann entweder aufeinander zufliegen würden oder der Schwan dem Adler folgt.

Verbreiteter scheint sowieso die Version gewesen zu sein, nach der es sich bei dem Adler um den Göttervater höchstselbst handelt, der auf den trojanischen Prinzen Ganymed zustürzt, um ihn als besonders wohlgestalteten Mundschenk im Olymp zu requirieren. Insofern Ganymed dabei aber mit dem südöstlich benachbarten Sternbild Wassermann identifiziert wurde, müsste sich der Kopf eher bei $\vartheta$ Aquilae befinden. Ähnliches gilt für die mythographisch gleichwohl uneindeutige Ausrichtung des Adlers, die sich auf dem Globus Farnese findet, einer plastisch bebilderten Himmelskugel, die um 150 n. Chr., in der Zeit des großen Astronomen Ptolemaios, ein vermutlich 350 Jahre älteres hellenistisches Vorbild kopierte. Ptolemaios allerdings hatte sein eigenes Konzept. In die Südhälfte des Sternbilds setzte er Antinoos, den jungen Günstling Kaiser Hadrians, der nun statt Ganymed vom Adler des Zeus zum Olymp getragen wird. Tatsächlich war Antinoos nach seinem mutmaßlichen Unfalltod im Nil vom Kaiser zum Gott erklärt worden. So handelt es sich hier wohl um eine der vielen konstellaren Referenzen von Astronomen an ihre Obrigkeit, über welche die Geschichte wieder hinweggegangen ist. Und daher dürfen wir uns insbesondere den Adler heute vorstellen, wie wir wollen.

# Altar

Die meisten der 48 antiken Sternbilder stellen Lebewesen dar, reale wie mythische. Zu den wenigen unbelebten Gegenständen am Himmel, die der Astronom Klaudios Ptolemaios im zweiten Jahrhundert auflistete, gehört der Altar. So – lateinisch Ara – bezeichneten die Römer das Sternbild. Bei den Griechen hieß es Thymiaterion, was eigentlich »Weihrauchkessel« bedeutet.

Er ist heute kein sehr bekanntes Sternbild, was vor allem mit seiner für Mitteleuropa extrem südlichen Lage zu tun haben dürfte. Zu sehen gäbe es hier genug. Da sich das Band der Milchstraße – also die sternreiche Hauptebene unserer Heimatgalaxie – durch das Areal des Altars zieht, wimmelt es hier unter anderem von offenen Sternhaufen. Besonders eindrucksvoll ist aber der Kugelsternhaufen NGC 6397. Kugelsternhaufen sind nicht Teil der galaktischen Ebene, sondern umkreisen die Milchstraße in Bahnen aller möglichen Orientierungen. Kugelhaufen, die sich in Blickrichtung zur Milchstraßenebene befinden, sind daher oft von ebendieser verdeckt. Dass man NGC 6397 so gut sieht, liegt an seiner besonders geringen Entfernung. Mit 8000 Lichtjahren ist er der zweitnächste Kugelsternhaufen

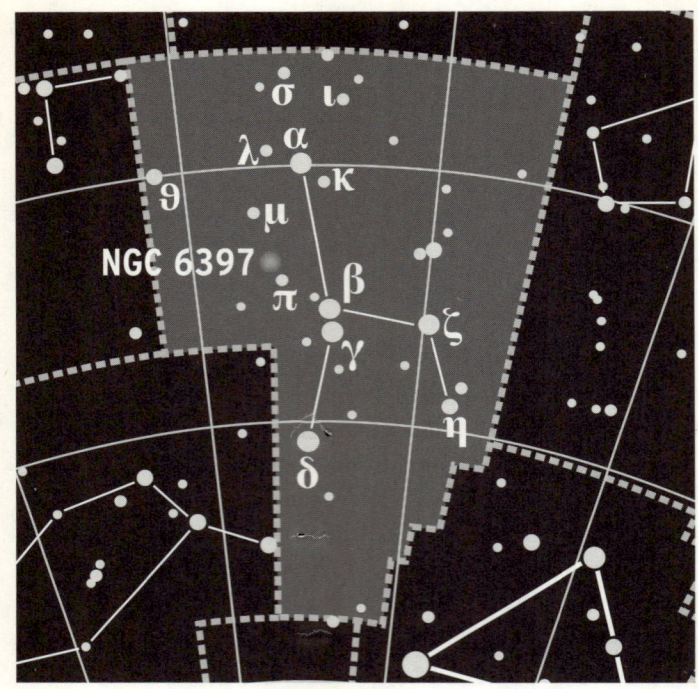

*Sieht man ihn rauchen, alles andere aber nicht, dann rasch in den Hafen.*

nach M4 im Skorpion, und bereits mit kleinen Teleskopen ist die
400 000 Sonnen umfassende Sternwolke auszumachen. Trotzdem wurde sie erst 1752 entdeckt – von Südafrika aus.

Im mediterranen Altertum allerdings war dem Sternbild größere Prominenz beschieden, zumindest bei Seeleuten. Jedenfalls
überliefert Aratos von Soloi um 275 v. Chr., dass auf dem Meer
mit südlichen Stürmen zu rechnen sei, wenn bei sonst bedeck-

tem Himmel die Sterne des Altars zu sehen sind. Das Gebilde, zu dem sich die alten Griechen diese Sterne ordneten, dürfte unterschiedlich gewesen sein. Auch heute noch findet man in den Sternkarten den Altar in ganz verschiedenen Formen. In der hier gezeigten bilden die Sterne δ, γ, β, ζ und η Arae den eigentlichen Altar und die Linie von β nach α den Rauch der darauf verbrannten Opfergabe.

Wer darauf nun was opfert oder räuchert und warum, darüber gibt es, wie so oft, recht verschiedene Ansichten. Laut Eratosthenes waren es die olympischen Götter höchstselbst, die an dem Altar ihren Bündnis-Eid vor dem Kampf gegen die Titanen ablegten und ihn nach ihrem Sieg unter die Sterne versetzten. Einer anderen, bei Aratos referierten Tradition zufolge opfert ein Kentaur hier ein wildes Tier, da der Altar sich mit den beiden westlich anschließenden Sternbildern Wolf und Kentaur zu solch einer Szene komplettieren lässt. Ein Mythos dazu ist allerdings nicht überliefert.

# Andromeda

Im November kann man von Mitteleuropa abends am Zenit das Personal einer der beliebtesten Sagen des Altertums bewundern: der von Perseus und Andromeda. Neben dem Helden und der äthiopischen Königstochter selbst wären da ihre Eltern Kepheus und Kassiopeia sowie das Seeungeheuer Ketos (Walfisch), vor dem Andromeda durch Perseus errettet wird.

Den Kopf der Prinzessin kann man sich bei α Andromedae vorstellen. Dieser Stern, der modernen Astronomen vor allem durch seinen abnorm hohen Gehalt an Quecksilber ein Begriff ist, trägt auch den Namen Sirrah. Das kommt vom arabischen »Surrat al-Faras« (Nabel der Stute), da der weiße Stern lange dem Nachbarsternbild Pegasus zugerechnet wurde, mit dem Andromeda zusammenhängt.

Deren Bauchregion liegt dagegen bei β Andromedae alias Mirach, was vom arabischen Mi'zar (Schurz) kommen soll und damit zeigen würde, dass auch die Araber den Mittelteil der Dame hier verorteten. Der Grieche Eratosthenes allerdings spricht von drei Sternen am Gürtel Andromedas und dürfte damit neben β und μ Andromedae jenes Objekt gemeint haben, das

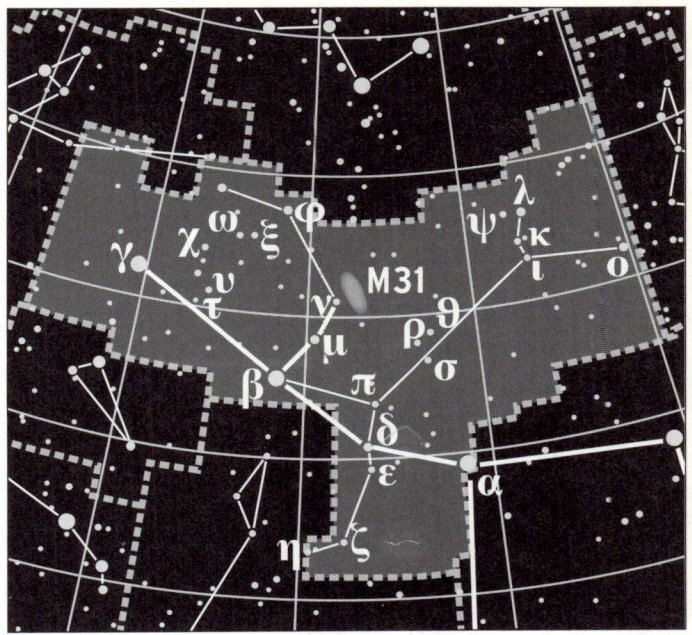

*Die Königstochter mit ausgebreiteten Armen. Rettung naht von links.*

Astronomen heute als M31 oder NGC 224 führen und das die größte Attraktion des ganzen Sternbildes darstellt: die Andromeda-Galaxie.

Sie ist das entfernteste Objekt, das mit bloßem Auge zu sehen ist. 2,2 Millionen Lichtjahre weit ist diese Spiralgalaxie weg, die man bei guten Sichtbedingungen als ovalen Nebel erkennen kann. M31 ist etwas größer als die Milchstraße, ähnelt ihr aber so weit, um einen Eindruck davon zu geben, wie unsere Heimatgalaxie aussähe, könnten wir sie von außen betrachten.

Zu gewisser Prominenz hat es in letzten Jahren auch der sonnenähnliche Stern υ Andromedae gebracht. Seit 1996 wurden drei jupiterähnliche Planeten entdeckt, die um ihn kreisen – und das, obwohl es sich um den Teil eines Doppelsternes handelt, wie man erst seit 2002 weiß. Zuvor hatte man geglaubt, langfristig stabile Planetenbahnen seien nur um Einzelsterne möglich. Natürlich kann man die Planeten niemals direkt sehen. Aber vorstellen darf man sie sich ja – in etwa vor Andromedas linkem Knie.

# Bärenhüter

**V**or Einbruch der Dunkelheit scheint das All ziemlich leer. Blickt man aber um Mitte April herum in der Abenddämmerung an eine Stelle südöstlich des Zenits, so sieht man dort im letzten Blau bereits einen Stern: Arktur, den mit 36,7 Lichtjahren Entfernung sonnennächsten roten Riesen und hellsten Stern am Nordhimmel.

Arktur heißt auch α Bootis. Der lateinische Name seines Sternbildes schreibt sich auch Boötes, dabei markiert ö keinen Umlaut, sondern eine getrennte Aussprache beider o: Bo-ootes. Das kommt vom griechischen Wort für »pflügen«, das seinerseits mit »Rind« zu tun hat. Wörtlich bedeutet Bootes dann »Ochsentreiber«, was aber nur für die alten Römer einen Sinn ergab, sahen die doch im benachbarten Asterismus des Großen Wagens die »sieben Dreschochsen«. Für die Griechen allerdings war dies das Hinterteil der Großen Bärin, und so nannten sie den Bootes auch Arktophylax, zu Deutsch: Bärenhüter.

Im Altertum war er nur diese eistütenförmige Figur. Als neuzeitliche Astronomen darangingen, die gesamte Himmelsfläche auf Sternbilder zu verteilen, platzierten sie nebenan zwei

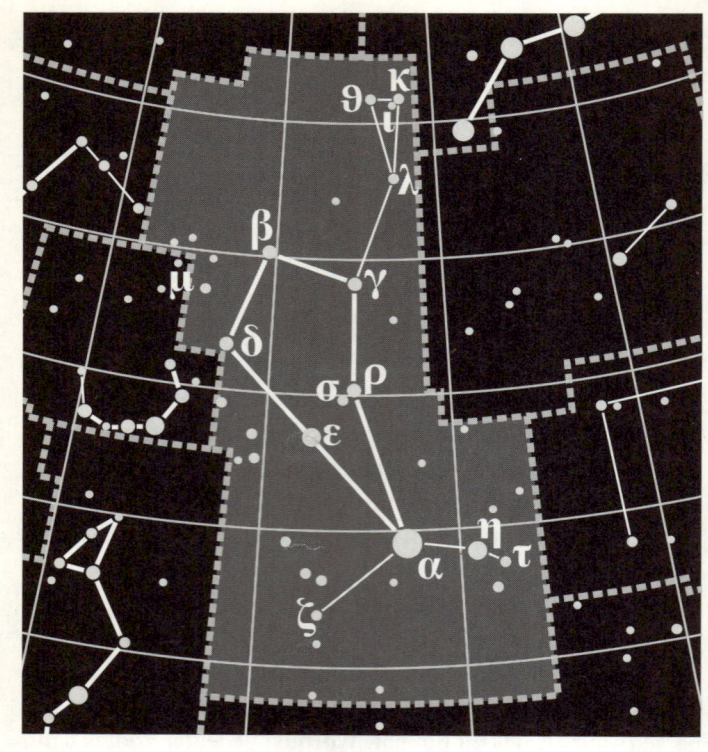

*Der Eistütenmann schwingt eine Sichel oder was auch immer.*

neue Konstellationen, die später wieder dem Bootes zugeschlagen wurden: im Norden den Mauerquadrant (Quadrans Muralis) und im Süden den Berg Mänalus (Mons Maenalus).

Letzterer knüpfte an eine der Sagen an, die sich um das Sternbild ranken. Am Maenalus soll die von Zeus missbrauchte Kallisto als Bärin gelebt haben, in die Hera sie verwandelt hatte, bis sie fast von ihrem eigenen Sohn Arkas getötet worden wäre. Und um diesen Arkas handele es sich beim Bärenhüter. Einer anderen Deutung zufolge ist es Ikarios, der erste Mensch, den Dionysos im Weinbau unterwies, der aber mit Bären nichts zu tun hatte. Eher aus römischen Quellen könnte eine dritte Version stammen, die in dem Mann den Erfinder des Pfluges sieht, den die Landwirtschaftsgöttin Ceres zum Dank an den Himmel versetzen ließ. Allerdings waren die Sterne des Bärenhüters auch im alten Mesopotamien mit dem Ackerbau verknüpft, seit die Sumerer sie dem Sturmgott Enlil zugeordnet hatten.

Damit scheint der Bärenhüter für Mythenforscher interessanter als für Astronomen. Denn die werden den eklatanten Mangel an Nebeln oder Galaxien hier beklagen. Er setzt sich eigentümlich bis in die tiefsten Tiefen des Alls fort: Knapp über dem Arktur liegt das Zentrum des »Bootes-Void«, eines immensen Volumens von 250 Millionen Lichtjahren Durchmesser, das sich bis in die angrenzenden Sternbilder ausdehnt und kaum eine Galaxie enthält. Es ist die leerste Raumregion unseres Universums.

# Becher

Was treibt sich am Sternenhimmel nicht alles herum: Menschen, Tiere, allerlei Gerätschaften. Einen rechten Mummenschanz führen die Sterne dort für uns auf, karnevalesk auch insofern, als das Treiben bei aller Phantasie nie wirklich lustig ist.

Das gilt sogar für jenes Sternbild, das man noch am ehesten mit einem fröhlichen Fest assoziieren würde: den Becher, lateinisch »Crater«. Seine astronomische Belanglosigkeit ist schon daran erkennbar, dass α Crateris entgegen der Konvention nicht der hellste Stern des Sternbildes ist – δ Crateris ist 1,7 Mal heller. Bereits im Altertum hat man hier also nicht besonders genau hingeschaut, obgleich das Sternbild da schon bekannt war.

Auch seinen Namen hatte es damals schon: Das griechische »Krater«, von dem auch unser Wort für trichterförmige Erdlöcher stammt, bezeichnete ursprünglich aber kein Trinkgefäß, sondern einen Krug zum Mischen von Wein und Wasser. Denn puren Wein zu trinken war in der Antike verpönt und wäre angesichts des damaligen Standes der Winzertechnologie in vielen Fällen auch unbekömmlich gewesen. Der Mischkrug also war, zusammen mit dem darin eingesetzten Weinkühler, dem Psyk-

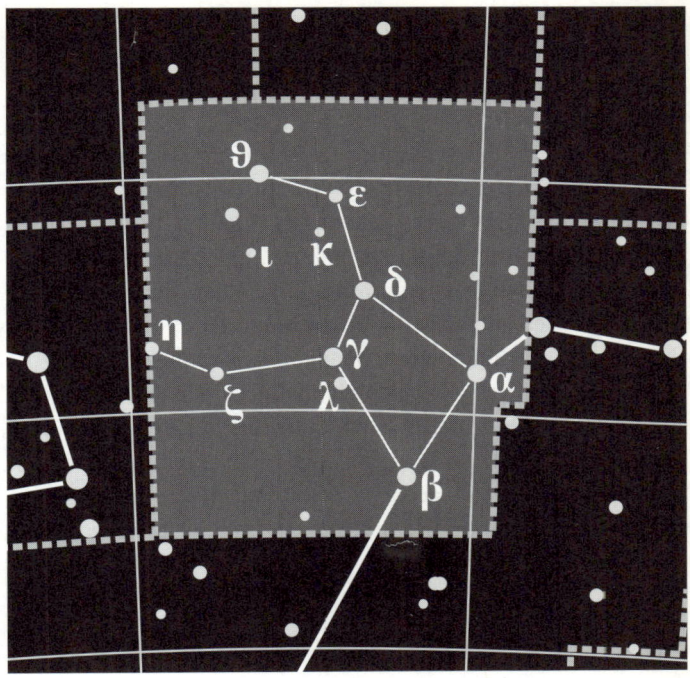

*Der Becher neigt sich nach links, damit der Rabe dort hineinsehen kann.*

ter, bis in die hellenistische Zeit ein unentbehrliches Utensil für jedes antike Trinkgelage.

Da sollte man annehmen, die Griechen hätten das Sternbild mit einem Schwank aus dem Wirken ihres feuchtfröhlichen Gottes Dionysos verbunden. Doch weit gefehlt! Vielmehr sah spätestens Eratosthenes um 200 vor Christus hier das Gefäß, mit dem Apollon einst einen Raben zum Wasserholen schickte. Der Vogel trödelte, weil ein Feigenbaum seinen Appetit geweckt hatte, dessen Früchte aber noch einige Tage bis zur Reife benötigten. Als Ausrede für seine Säumigkeit behauptete der Rabe anschließend, eine Wasserschlange hätte ihm den Weg zur Quelle versperrt. Als Gott der Weissagung durchschaute Apollon die Lüge des Raben allerdings sofort und verfügte, dass der unbotmäßige Vogel nun den Rest seines Lebens Durst leiden müsse, was die krächzende Stimme des Raben erkläre. Zur Warnung sei er dann auch noch an den Sternenhimmel versetzt worden, zusammen mit der Wasserschlange sowie dem wassergefüllten Becher, der ihm nun für alle Zeit unerreichbar vor dem Schnabel steht.

Nein, diese Geschichte ist nicht lustig. Und in ihrer verqueren Anleihe beim Motiv der Qualen, zu denen der frevelnde König Tantalos verurteilt wurde, ist sie noch nicht einmal originell. Sie klingt wie schlecht ausgedacht. So moralisch, dass man fast geneigt ist, eine antimoralische Propaganda dahinter zu vermuten.

# Bildhauer

Gerne stellt sich manch neuzeitlicher Bildungsbürger vor, die bildenden Künste hätten in der Antike ein besonders hohes Ansehen genossen. Doch diese Meinung verdankt sich nur dem Umstand, dass Skulpturen aus Marmor und Bronze dem Zahn der Zeit eher zu trotzen vermögen als weniger gegenständliche Erzeugnisse menschlichen Schaffens. Tatsächlich wäre Griechen und Römern so etwas wie Kunsterziehung als Schulfach ganz fremd gewesen. Unter den »freien Künsten«, mit denen ein Gebildeter sich zu befassen hatte, findet sich von dem, was heute Kunst genannt wird, allein die Musik – neben Mathematik und Astronomie übrigens. Maler und Bildhauer sah man eher als Handwerker. Und Daedalus, der berühmteste Künstler der Mythologie, verdankt seinen Ruhm eher seiner Betätigung als Techniker.

So ist von den drei Sternbildern mit Kunstbezug allein die Leier bereits im Altertum bekannt gewesen. Die beiden anderen, der Maler (lateinisch Pictor) und der Bildhauer (Sculptor), wurden erst im 18. Jahrhundert von Nicolas Louis de Lacaille ersonnen, als er einige übriggebliebene Flecken am Südhimmel zu

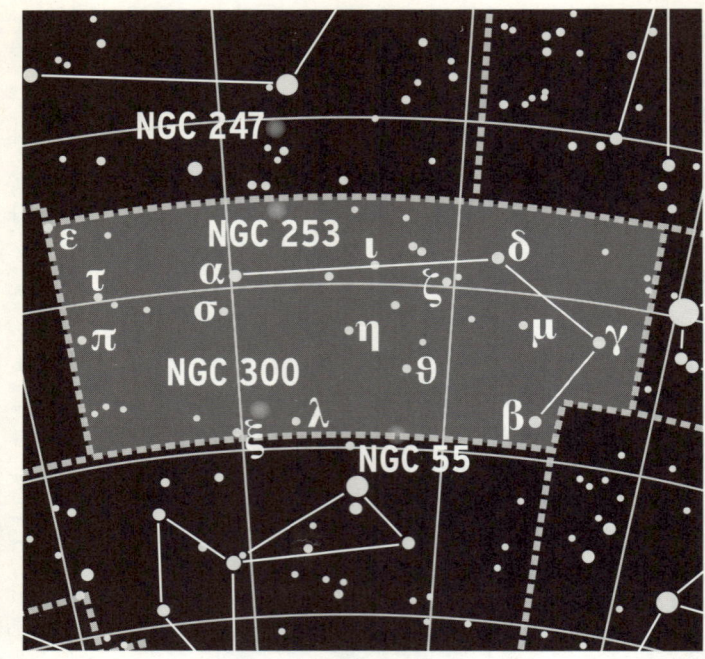

*Am galaktischen Südpol haben Sterne der Milchstraße wenig zu melden.*

Sternbildern erhob, darunter auch die Region unterhalb des Walfisches. Er nannte sie allerdings »L'Atelier du Sculpteur« (Bildhauerwerkstatt). Die Verschiebung vom Utensil zum Menschen vollzog sich im 19. Jahrhundert. Aber eine besondere Gestalt zur Anordnung der wenigen Sterne dort drängt sich sowieso nicht auf. Die Sternarmut im Bildhauer hat einen Grund: Hier blickt der irdische Betrachter genau senkrecht aus der Ebene der scheibenförmigen Milchstraße hinaus auf den galaktischen Südpol.

Der zugehörige Nordpol liegt in der Konstellation Haar der Berenike, wo es nur deshalb nicht ebenso dröge ist, weil dort ein naher Sternhaufen steht.

Aber wo die Milchstraße sich so rar macht, haben entsprechend ausgerüstete Astronomen einen besonders guten Ausblick auf die Weiten dahinter. Im Norden zeigt sich so der Coma-Galaxienhaufen, hier sind es die Galaxien mit den NGC-Nummern 55, 253 und 300 sowie die im Walfisch gelegene NGC 247. Zusammen mit mehr als einem Dutzend weiterer Sterneninseln bilden sie die Sculptor-Gruppe, das unserer eigenen »lokalen Gruppe« nächste Galaxienkonglomerat. Unter ihnen ist der Spiralnebel NGC 253 so prächtig, dass er in den Messier-Katalog der hellsten Nebelobjekte aufgenommen worden wäre, hätte seine für mitteleuropäische Beobachter allzu südliche Position das nicht verhindert. Daher präsentiert sich im Bildhauer das Besondere erst dem zweiten, genaueren Blick – fast so wie bei manchem Kunstwerk.

BILDHAUER

# Chamäleon

**M**anche Sternbilder sind auf andere bezogen. Prominent ist etwa Perseus vor der zu rettenden Prinzessin Andromeda, darüber deren Eltern Kepheus und Cassiopeia. Aber auch den Bärenhüter und die große Bärin oder Becher, Rabe und Wasserschlange verbindet nicht nur die Nachbarschaft am Himmel, sondern eine gemeinsame Story.

Die genannten Konstellationen bevölkern den Norden oder den gemäßigten, in der Antike bekannten Süden des Firmaments. Im tiefen Süden dagegen gibt es als passendes Beispiel nur das Chamäleon. Auf der ersten Sternkarte, in der es kurz vor 1600 auftauchte, einem Himmelsglobus des niederländischen Kartographen Jodocus Hondius, soll zu sehen gewesen sein, wie das Tier seine Zunge in Richtung auf das sehr viel markantere Sternbild Biene schnellen lässt, das heute den Namen Fliege trägt. Der Globus war in Zusammenarbeit mit dem Astronomen Petrus Plancius entstanden, auf dessen Anregung die Schiffsoffiziere Pieter Dirkszoon Keyser und Frederick de Houtman auf der ersten niederländischen Ostindienexpedition in den Jahren 1595 bis 1597 den Südhimmel kartiert und dabei

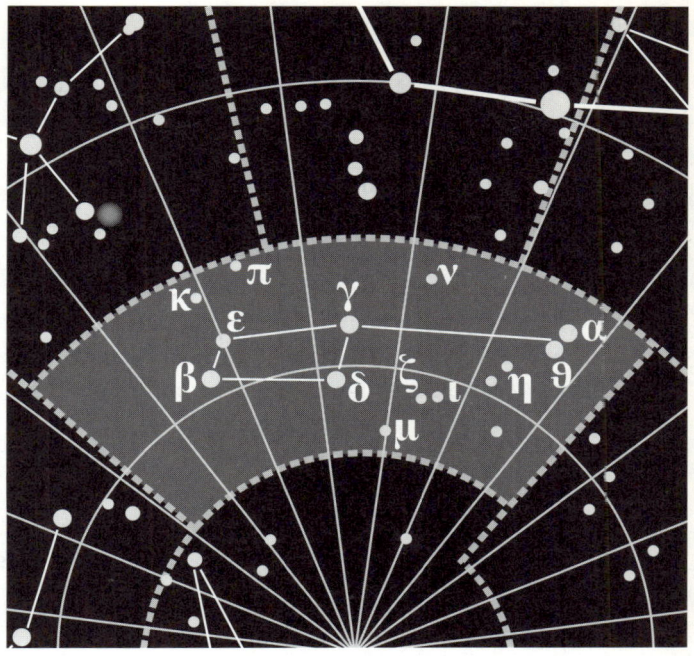

*Reptil, gib acht – links oben kommt eine leckere Fliege vorbei.*

unter anderem die Sternbilder Biene und Chamäleon ersonnen hatten.

Die Schleuderzunge des letzteren fehlte bereits 1603 im Atlas des Augsburgers Johann Bayer, und die Darstellung dort lässt annehmen, dass Bayer nie ein lebendiges Chamäleon (griechisch für »Bodenlöwe«) gesehen hat. Die holländischen Seeleute hingegen könnten so ein Reptil aus der Unterordnung der Leguanartigen beim Zungenschuss auf ein Insekt beobachtet haben.

Ihre Expedition machte 1595 auf Madagaskar Station, wo zahlreiche Chamäleonarten vorkommen.

Im Gegensatz zur Fliege sitzt das Chamäleon in einer dunklen, scheinbar sternarmen Region. Doch das wird nicht immer so bleiben. 1999 entdeckten Röntgenastronomen rund um den Stern η Chamaeleontis einen Haufen sehr junger Sterne. Das gab ihnen Rätsel auf, da es dort keine Gaswolken gibt, aus denen sie hätten entstehen können. Weiter östlich aber, jenseits von γ Chamaeleontis, erstreckt sich ein großer Komplex dunkler Molekülwolken. Er enthält genug Material für Tausende neuer Sterne und bereits über hundert Sternembryonen, die sich in ihrem Wolken-Uterus bislang nur durch ihre Röntgenstrahlung bemerkbar machen. Der Chamäleon-Komplex ist mit einigen hundert Lichtjahren Entfernung eines der uns nächstgelegenen Sternentstehungsgebiete. Wenn die Babys in ein paar Millionen Jahren stark genug leuchten, um ihre Gaswolke zu zersetzen, wird das Chamäleon fast so interessant wie sein Beutetier.

# Chemischer Ofen

Jedes Jahr im Advent, also genau zur Schmuddelwetter-Saison, geht über Mitteleuropa der Ofen auf. Aber nicht lange. Nur in der Vorweihnachtszeit erscheint das Sternbild mit dem lateinischen Namen Fornax abends tief im Süden über dem Horizont.

Aber sparen Sie sich die Mühe, Sie werden nichts sehen. Schon der Hauptstern α Fornacis ist kaum heller als das »Reiterlein« im Großen Wagen, ein Stern, der gerade noch mit bloßem Auge zu sehen ist und das auch nur von besonders Scharfsichtigen. Die anderen Sterne des Ofens kann man nur durchs Fernrohr beobachten. Es gibt allerdings keinen Grund, dies zu tun.

Da fragt man sich, warum Nicolas Louis de Lacaille 1756 in die Beuge des antiken Sternbildes Eridanus diese Konstellation gesetzt und »Fornax Chimiae« genannt hat. Wohl nur, um den Chemikern einen etwas fragwürdigen Gefallen zu tun. Mit den seinerzeit verfügbaren Teleskopen war hier nichts zu sehen. Das einzige halbwegs spannende, zur Milchstraße gehörende Objekt hier ist der planetarische Nebel NGC 1360, die Hülle eines frischverstorbenen Sterns, die aber erst 1859 entdeckt wurde.

Doch Astronomen interessieren sich im Sternbild Ofen mal

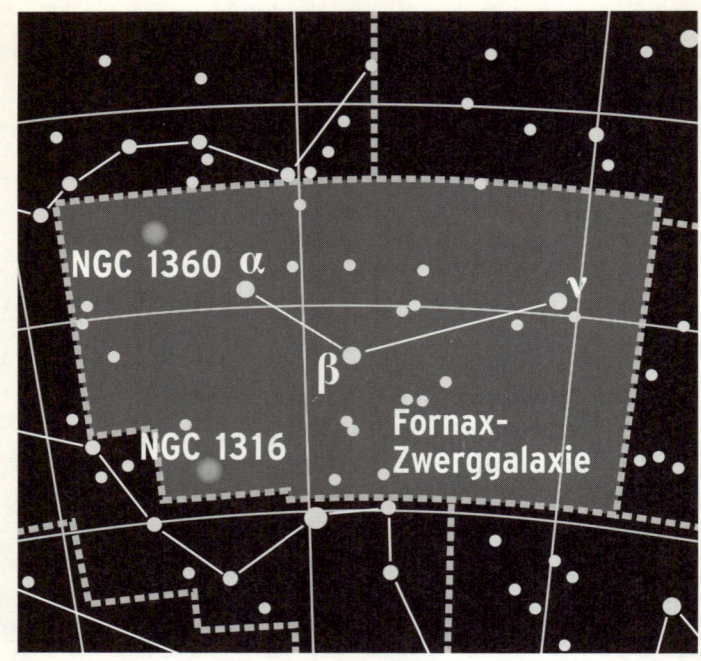

*Wie viel Sternlein stehen, ist hier schnell gesagt. Doch im Ofen ist mehr.*

wieder gar nicht für Sterne, sondern für das, worauf so sternarme Regionen einen besonders guten Ausblick ermöglichen:
Galaxien. Das begann 1826, als der in Australien tätige Schotte
James Dunlop hier einen Nebelfleck entdeckte. Er ist heute bekannt als NGC 1316, ist eine prominente Radiogalaxie und das
größte Mitglied des Fornax-Clusters, der für die Kosmologie von
großer Bedeutung ist, da er den uns nächste Galaxienhaufen
darstellt, dessen Bewegung mit der kosmischen Expansion nicht

durch die Schwerkraft anderer Haufen gestört wird und dadurch besonders gut messbar ist.

Die Fornax-Zwerggalaxie wiederum ist kein Mitglied des Clusters, sondern gehört zur »Lokalen Gruppe«, in der etwa 50 kleinere Galaxien mit der Milchstraße und ihrer Schwester, der Andromedagalaxie, gravitativ verbandelt sind. Die meisten davon wurden erst im 20. Jahrhundert entdeckt, als die Teleskoptechnik weiter vorangeschritten war. Es kommt eben immer darauf an, wie genau man hinguckt: 2004 beobachtete das Hubble-Weltraumteleskop im Sternbild Ofen tagelang eine scheinbar leere Region, fünfzigmal kleiner als die Vollmondscheibe. Anschließend zählten die Astronomen auf dieser »Hubble Ultra-Deep Field« genannten Aufnahme über 10 000 bis dahin unbekannte Galaxien. Hochgerechnet bedeutet das: Allein im Sternbild Ofen gibt es mindestens eine Milliarde Galaxien.

# Delphin

Nur weniges ist unter Wissenschaftlern so verpönt, wie etwas nach sich selbst zu benennen. Der italienische Astronom Niccolò Cacciatore (1770 bis 1841) hat es 1814 trotzdem getan, als er die beiden hellsten Sterne in der Konstellation Delphin auf »Sualocin« und »Rotanev« taufte. Das klingt durchaus nach dem verballhornten Arabisch der meisten anderen Sternnamen, welches daran schuld ist, dass kaum ein Abendländer sich mehr als eine Handvoll davon merken kann. Tatsächlich sind Sualocin und Rotanev aber Ananyme, also Wörter, die, rückwärts gelesen, ihren Sinn enthüllen, in diesem Fall die latinisierte Form von Cacciatores Vor- und Zunamen: Nicolaus Venator.

Es dürfte wohl eher Lausbubenlaune als Ehrpusseligkeit gewesen sein, die den Italiener geritten hatte, sich auf diese Weise zu verewigen. Erstaunlich ist allerdings, dass die beiden Sterne damals noch gar keine Eigennamen hatten. Die Konstellation Delphin ist zwar klein, aber ziemlich markant, zudem von Europa aus bestens zu sehen und dank der Nähe zum Atair, dem hellen Hauptstern des Nachbarsternbildes Adler, auch relativ einfach zu finden.

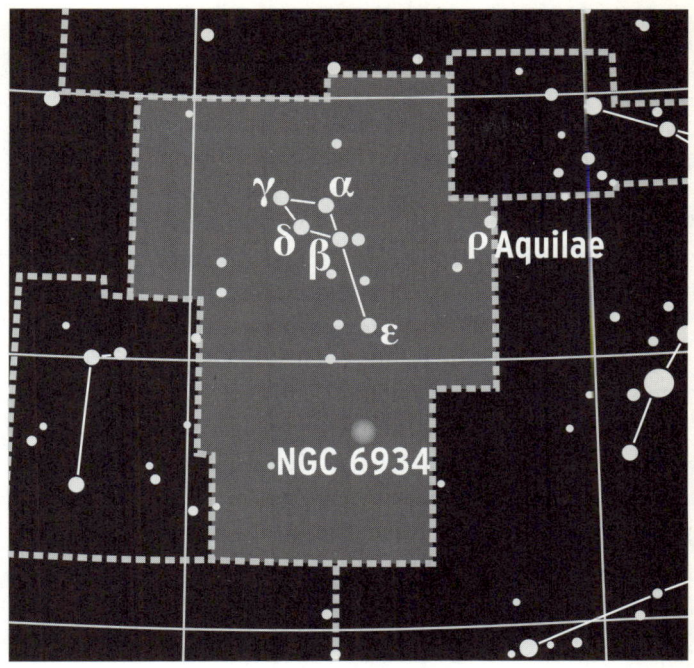

*Überläufer: Der Stern ρ Aquilae hat kürzlich rübergemacht.*

Schon den antiken Astronomen war der Delphin gut bekannt, wobei sie sich allerdings uneins waren, ob es sich dabei um das Tier handelt, das dem Meeresgott Poseidon behilflich war, als er die schöne Nymphe Amphitrite freite, oder jenes, das den im siebten vorchristlichen Jahrhundert wirkenden Dichter Arion von Lesbos rettete, nachdem dieser bei einer Schiffsreise mit einem Sprung ins Meer sich räuberischem Bordpersonal hatte entziehen müssen.

In jedem Fall hätten sich schon die Araber bei α und β Delphini ruhig etwas Hübsches einfallen lassen können. Bei ε Delphini ging es ja auch. Dieser heißt Deneb Dulfim vom arabischen Al Dhanab al Dulfim – »Der Schwanz des Delphins«. Als eine weitere stellare Merkwürdigkeit wäre hier noch ρ Aquilae zu nennen, denn dieser Bezeichnung nach gehört er eigentlich ins Sternbild Adler. Nun kommen Korrekturen in den Zuordnungen von Sternen zu Sternbildern durchaus öfter vor, zum Beispiel als Folge der Zuweisung der traditionellen Muster zu scharf definierten Himmelsflächen. Aber bei ρ Aquilae liegt der Fall anders. Der Stern gehörte bis 1999 klar zum Adler und ist dann in den Delphin hinübergewandert. Denn auch Fixsterne bewegen sich relativ zueinander, wenn auch vergleichsweise langsam. Im Laufe der nächsten Jahrmillionen werden die meisten Sterne die Areale ihre Konstellationen verlassen. Umtaufen wird man sie dann genauso wenig, wie man Niccolò Cacciatores Streich wieder rückgängig gemacht hat.

# Drachen

Der Norden gehört dem Drachen. Nun, nicht ganz – der Polarstern, dessen Position fast mit der Richtung der Erdachse übereinstimmt und um den sich daher das gesamte Himmelsgewölbe im Laufe einer Nacht zu drehen scheint, liegt nicht im Sternbild Drache, dem achtgrößten der 88 Himmelsareale, welchen Konstellationen zugeordnet sind, sondern in dem der Kleinen Bärin. Doch das war in zweifachem Sinne einmal anders.

Zum einen gehörte die Kleine Bärin ursprünglich zum Drachen. Schon die Griechen berichten, dass erst Thales von Milet im frühen sechsten Jahrhundert die Kleine Bärin samt Polarstern als eigenständiges Sternbild eingeführt habe. Zum anderen aber lag der Himmelsnordpol vor 5000 Jahren an der Position des Sternes α Draconis alias Thuban (arabisch für »Schlange«), denn die Taumelbewegung der Erdachse, die sogenannte Präzession, lässt die Verlängerung der Erdachse einmal in etwa 25 000 Jahren einen Kreis am Himmel beschreiben. Der Mittelpunkt dieses Kreises, der Pol der Ekliptik, liegt im Norden übrigens ebenfalls im Sternbild Drache.

Trotz all dieser Nördlichkeit kommt der Drache ursprünglich

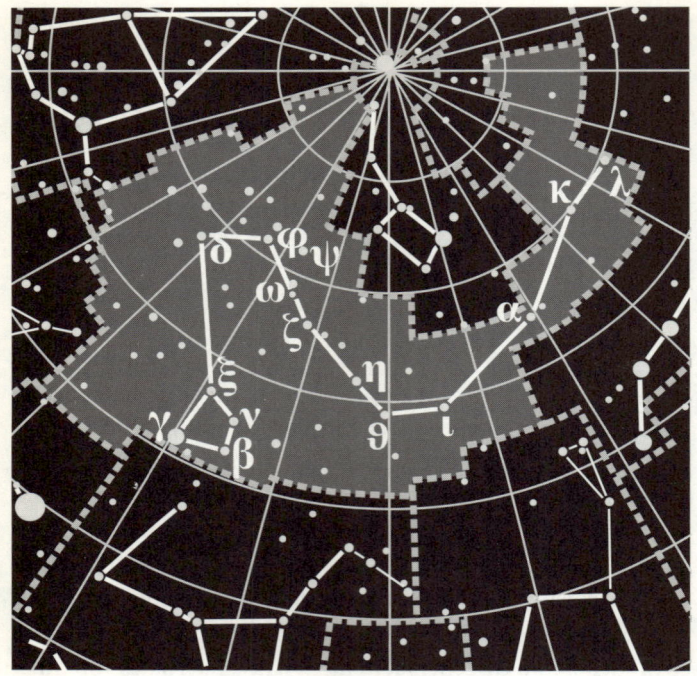

*Im Würgegriff des Drachen: der Kleine Bär samt Polarstern.*

aus dem Westen, jedenfalls wenn man der populärsten der mythologischen Geschichten folgt, mit denen sich die Griechen die
Anwesenheit des Fabelwesens am Himmel erklärten. Demnach
handelt es sich um Ladon, der an den Hängen des Atlas-Gebir-
ges im heutigen Marokko – also aus griechischer Perspektive im
fernsten Westen – für Hera die goldenen Äpfel der Hesperiden
bewachte. Die Früchte waren einst das Hochzeitsgeschenk der

Gaia an Zeus und Hera. Eigentlich waren die Hesperiden mit dieser Aufgabe betraut gewesen, die oft als Töchter des Riesen Atlas vorgestellt werden und deren Name sich vom griechischen Wort für »Abend« und »Westen« (hespera) ableitet. Doch offenbar hielt Hera die Hesperiden für nicht zuverlässig genug, um die Äpfel zu hüten, deren Genuss ewige Jugend bewirkt. So stellte sie ihnen Ladon, den Drachen, zur Seite, den viele Quellen als »hundertköpfig« bezeichnen, auch wenn er am Himmel nur einen Kopf hat, der durch die Sterne γ, β, ν und ξ Draconis gebildet wird.

An den Himmel kam der Drache auf die übliche Weise: als Ehrung durch eine Gottheit, in diesem Fall Hera, nach tragischem Tod, welcher hier darin bestand, dass Ladon bei der Erfüllung seiner Pflicht starb, nämlich durch die Hand des Herakles, zu dessen zwölf Aufgaben nun mal der Raub der hesperidischen Äpfel gehörte. Dafür schnaubt der Drache den Helden in Gestalt des südlich sich anschließenden Sternbildes Herkules noch immer an.

# Dreieck

Für Eratosthenes von Kyrene war es zunächst einmal ein Buchstabe, was da oberhalb des Tierkreiszeichens Widder in den Sternen stand: das griechische Delta. »Man glaubt, der leicht zu sehende Buchstabe ist dem Beginn des Namens Zeus entnommen«, schreibt er um 200 v. Chr. in seinem Sternbuch »Katasterismoi«, wobei anzumerken ist, dass der griechische Name des Obergottes nur im Nominativ mit einem Z beginnt, in den meisten anderen Fällen mit einem D. »Hermes hat die Sterne dort am Himmel arrangiert, da der Widder so ein schwaches Sternbild ist«, schreibt Eratosthenes weiter. »Einige aber sagen, die Delta-Form am Himmel bilde die Geographie Ägyptens nach, da der Nil dem Land diese Form gibt.«

Beim Nildelta hätte man es ruhig lassen können. Dann bestünde heute nicht die Gefahr, dieses genuin antike Sternbild (lateinisch Triangulum) mit dem neuzeitlichen »Südlichen Dreieck« (Triangulum Australe) zu verwechseln. Aber auch eine Rückbesinnung auf mesopotamische Traditionen wäre schön gewesen. Die Babylonier führten spätestens zu Beginn des ersten Jahrtausends vor Christus einen Katalog auffälliger Himmels-

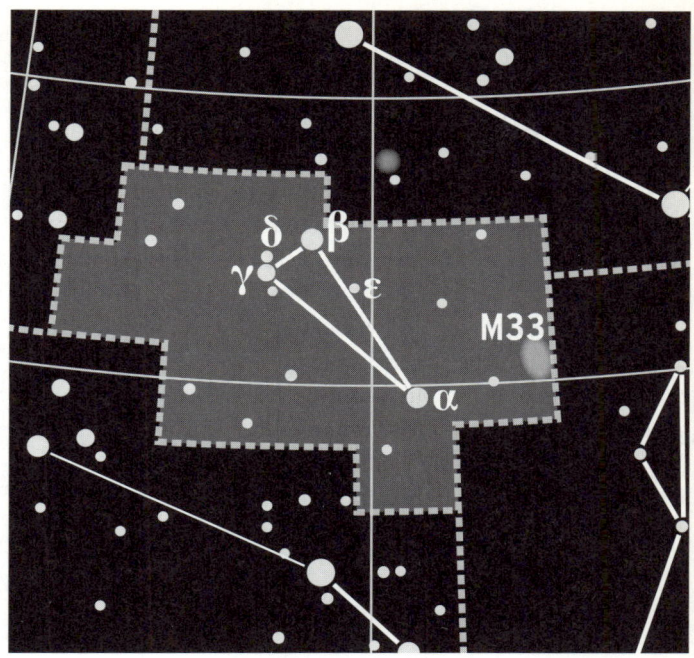

*»Delta des Nils« wäre sicher auch kein schlechter Name gewesen.*

objekte (sumerisch »Mul«). Er begann mit dem Sternbild »Mul Apin«, der so auch dem ganzen Werk seinen Titel gab. Apin ist das sumerische Wort für »Pflug«, und vermutlich war damit unser Dreieck gemeint, plus dem über β Trianguli stehenden hellen Stern, der heute als γ Andromedae zum nördlichen Nachbarsternbild gehört.

Zur Konstellation Andromeda hat das Dreieck aber auch noch einen anderen Bezug, beherbergt es doch den neben der Andro-

meda-Galaxie einzigen Spiralnebel, der mit bloßem Auge zu beobachten ist – allerdings nur bei allerbesten Sichtbedingungen.
Am mitteleuropäischen Himmel bedarf es in der Regel mindestens eines guten Feldstechers, um das ovale Wölkchen von immerhin der Größe des Vollmondes zu sehen.

Dieser Dreiecksnebel, von Astronomen meist Messier 33 oder
kurz M 33 genannt, bildet zusammen mit unserer Milchstraße,
besagter Andromeda-Galaxie sowie etlichen Zwerggalaxien einen kleinen Galaxienhaufen, die sogenannte Lokale Gruppe. Mit
rund drei Millionen Lichtjahren ist M 33 etwas weiter entfernt als
der Andromeda-Nebel, aber viel kleiner – sie hat nur einige Prozent der Masse unserer Milchstraße. Und wenn unsere Heimatgalaxie in vier bis zehn Milliarden Jahren in die Andromeda-
Galaxie hineinfallen und mit ihr zu einer gigantischen elliptischen Galaxie verschmelzen wird, dann wird dieses Schicksal
den Dreiecksnebel schon längst ereilt haben.

# Eidechse

Im 17. und 18. Jahrhundert wurde der Sternenhimmel nicht nur größer – nämlich als Folge der Entdeckungsreisen in südlichen Meeren –, sondern auch voller. Das Teleskop brachte auch am Nordhimmel allerlei Neues zum Vorschein, und manches davon lag weit abseits der überkommenen Sternbilder der Antike. Also mussten zwischen einigen von ihnen neue her. Doch die Vorschläge dazu trieben zuweilen seltsame Blüten, vor allem dann, wenn Astronomen sich damit bei ihrer Obrigkeit lieb Kind zu machen suchten.

Kaum eine dieser konstellaren Innovationen hat die Zeitläufte überlebt. Wenig schade ist es dabei um »Sceptrum et manus justitiae« (Zepter und Hand der Gerechtigkeit) und »Honores Friderici« (Friedrichs Ehren). Mit dem »Zepter« wollte im Jahr 1679 ein Franzose namens Augustin Royer den Sonnenkönig Ludwig XIV. verherrlichen, mit den »Ehren« (bildlich ein Arrangement aus Krone, Schwert und Federkiel) im Jahr 1787 der Berliner Astronom Johann Elert Bode den Preußenkönig Friedrich II. Beide Kreationen waren zwischen Schwan, Pegasus, Andromeda und Kepheus verortet, wo ausgerechnet im Bereich

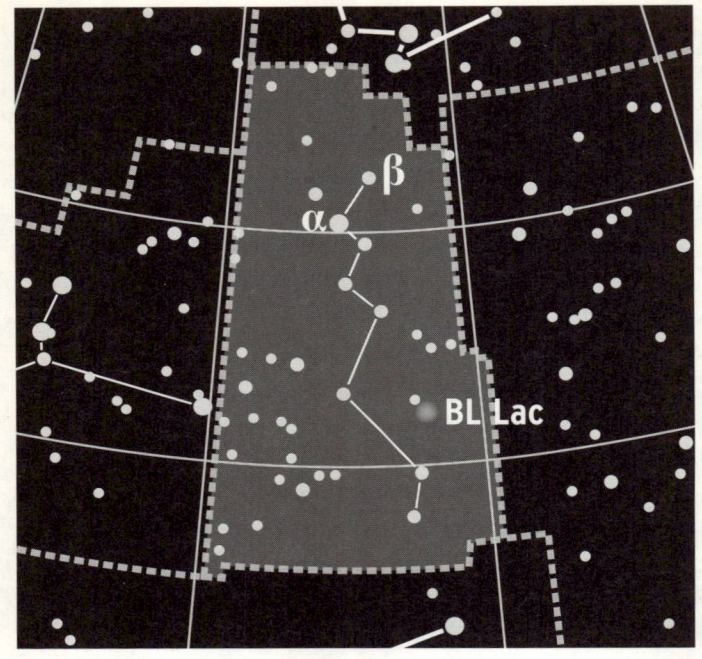

*Lückenfüller: Die Eidechse räkelt sich, wo sonst nichts los ist.*

des Milchstraßenbandes eine große Lücke klaffte. Gehalten hat sich dort, westlich der für das Königsgerät vorgesehenen Stelle, allein der Sternbildvorschlag des Danziger Astronomen Johann Hevelius, der sich durch die Zickzacklinie, zu der sich acht hellere Sterne verbinden lassen, an eine Eidechse (lateinisch Lacerta) erinnert sah.

Allerdings hätten weder Frankreich noch Preußen viel von ihren himmlischen Denkmälern gehabt. Denn die Eidechse ist ein unscheinbares Sternbild, ein Lückenfüller eben, der lange ohne jede astronomische Attraktionen blieb. Dann entdeckte 1929 der Astronom Cuno Hoffmeister, der Gründer der Sternwarte Sonneberg und ein Spezialist für veränderliche Sterne, in der Eidechse ein Objekt, das höchst unregelmäßig flackert. In der Meinung, es handle sich um einen Stern, benannte er es wie einen, also mit Buchstaben und lateinischem Sternbildnamen im Genitiv: BL Lacertae, kurz »BL Lac«. Erst 44 Jahre später erkannte man, dass das Objekt 900 Millionen Lichtjahre entfernt ist. Statt mit einem Stern hat man es mit dem Kern einer Galaxie zu tun, in der ionisierte Materie, sogenanntes Plasma, in zwei scharfen, flackernden Bündeln herausschießt, von denen eines zufälligerweise in Richtung Erde weist. Inzwischen sind auch anderswo im Kosmos solche kosmischen Plasmakanonen entdeckt worden. Sie heißen »BL Lac«-Objekte und künden seither vom Ruhm der Eidechse.

# Einhorn

**W**ie kam das Einhorn an den Himmel? Welche Sage um das eleganteste aller Fabeltiere mag hier die Phantasie der antiken Sternenkundler beflügelt haben? Die Antwort lautet: überhaupt keine. Die Griechen kannten dieses Sternbild nicht. Und das, obwohl es keineswegs tief am Südhimmel steht, sondern direkt neben dem prominenten Wintersternbild Orion und genau dort, wo sich der Himmelsäquator und das Band der Milchstraße schneiden: im Dreieck zwischen den drei hellen Sternen Beteigeuze (im Orion), Procyon (im kleinen Hund) und Sirius (großer Hund). Dort ist es bei uns von Anfang Januar an bis Anfang April am Abendhimmel zu finden.

Es ist auch keineswegs so, dass es hier nichts zu sehen gäbe: Der offene Sternhaufen M 50 lässt sich bereits mit dem Feldstecher erkennen, und der Rosetten-Nebel, eine interstellare Wolke aus leuchtendem Gas mit dem darin eingebetteten Sternhaufen NGC 2244, ist ein schönes Ziel für gut ausgerüstete Amateurastronomen. Nur auffällige Einzelsterne gibt es hier eben nicht. Daher sah erst neuzeitlicher Vollständigkeitswahn die Notwendigkeit, an dieser Stelle eine Konstellation zu platzieren.

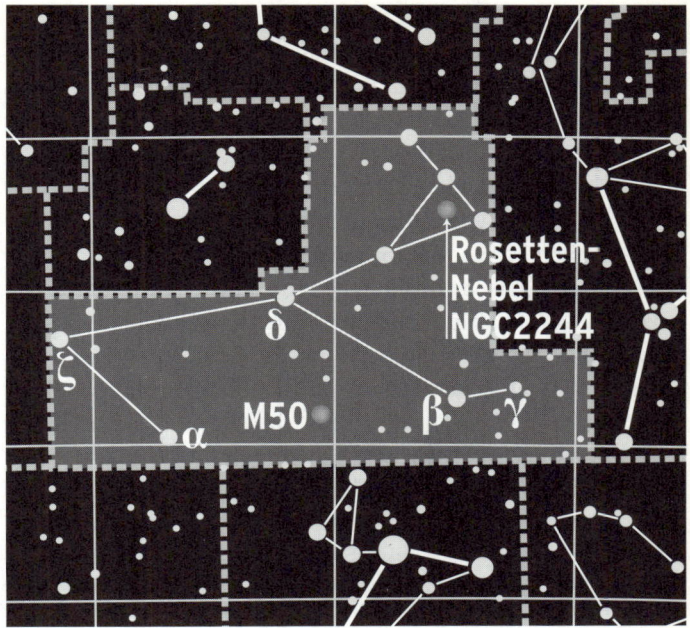

*Kein Fabeltier, sondern in vielfacher Hinsicht ein Missverständnis.*

Zum ersten Mal taucht das Einhorn 1613 auf dem Himmelsglobus auf, der Petrus Plancius zugeschrieben wird, dem holländischen Theologen und Kartographen, dem wir auch das
Sternbild Giraffe verdanken. Dass er aufs Einhorn kam, beruht
wohl auf einem Missverständnis der alexandrinischen Autoren
der Septuaginta, also der griechischen Übersetzung des Alten
Testaments. Dort ist verschiedentlich von einem Tier die Rede,
das hebräisch »Re'em« heißt, ein Wort, das wahrscheinlich mit
»Rimu« zusammenhängt, was auf Akkadisch, der Verkehrsspra-

che des alten Orients, »Auerochse« bedeutet. In alter Zeit wurde dieses Tier oft von der Seite dargestellt, so dass statt zwei Hörnern nur eines zu sehen war. Das war offenbar das Bild, das man als Großstädter in Alexandria vor Augen hatte, und so übersetzte man Re'em mit »Einhorn«, weswegen der fromme Himmelskundler Plancius glaubte, damit etwas genuin Biblisches an den von heidnischer Mythologie dominierten Himmel zu holen.

Tatsächlich war das Einhorn in der Antike kein Fabeltier, sondern eine zoologische Realität, über die nüchterne Gelehrte wie Aristoteles und Plinius schrieben. Allerdings konnten sie sich dabei nur an Reiseberichten aus zweiter oder dritter Hand orientieren, die wahrscheinlich irgendjemandes Begegnung mit einem Nashorn ausschmückten. So ist das Einhorn, auf Erden wie am Himmel, nichts als ein Missverständnis.

# Eridanus

**N**ur einige hundert Sterne haben Eigennamen, meist arabische. Vorwiegend sind es jene, die man als Erwachsener mit bloßem Auge sehen kann; Kinder sehen mehr Sterne, weil ihre Pupillen größer sind. Zwei Sterne allerdings heißen im Grunde gleich: Acamar und Achernar leiten sich beide von »Achir an-nahar« ab, zu Deutsch »Ende des Flusses«.

Aber welchen Flusses? Der Universalgelehrte Eratosthenes beklagte sich um 200 v. Chr. darüber, dass sein Kollege Aratos das Sternbild als Eridanos bezeichnete, wo es doch der Nil sein müsse, denn von allen Flüssen entspringe nur dieser im Süden. Gemeint waren die damals bekannten Ströme mit mythischem Potential. Und immerhin war Phaeton bei der Spritztour mit dem Sonnenwagen seines Vaters Helios in den Eridanos gefallen.

Zur Zeit von Aratos und Eratosthenes identifizierten die Griechen den Eridanos mit dem Po in Oberitalien. Geographisch passt die Konstellation indes tatsächlich besser zum Nil. Es ist das Sternbild mit der größten Nord-Süd-Ausdehnung, auch wenn es flächenmäßig nur das sechstgrößte ist. Dabei war sein südlichstes Ende in der Antike Acamar alias ϑ Eridani gewesen,

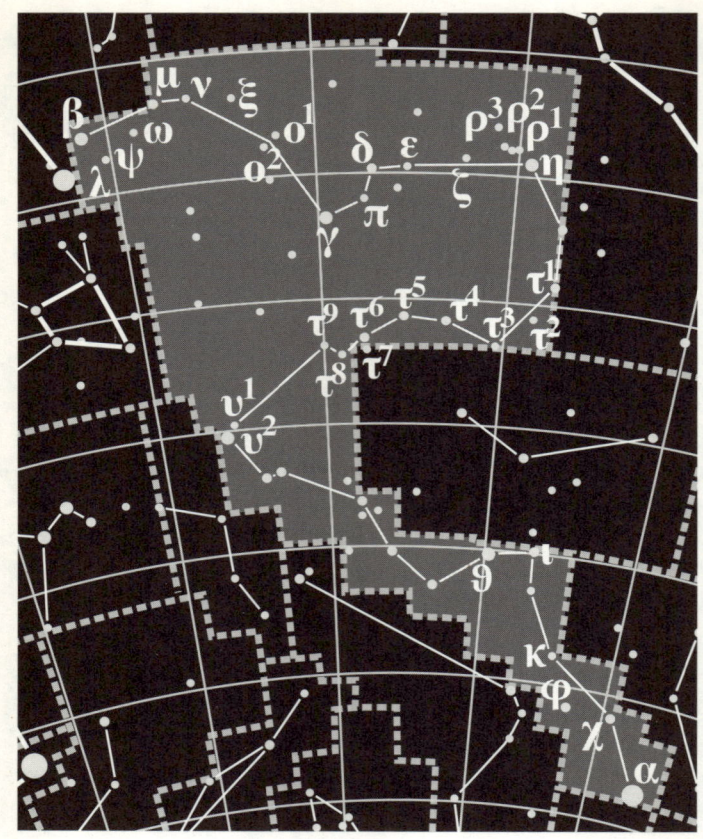

*Der Himmelsfluss windet sich um ein merkwürdiges Loch im Kosmos.*

der damals von Kreta aus gerade noch sichtbar war. Erst seit dem frühen Mittelalter erstreckt sich das Sternbild bis hinunter zu α Eridani oder Achernar. Für uns Mitteleuropäer ist allerdings bereits bei υ² Eridani Schluss. So weit erhebt sich das Sternbild Anfang Januar abends über den Horizont, mehr bekommen wir nicht zu sehen. Das reicht aber für ε und ο² Eridani. Der eine ist mit 10,5 Lichtjahren Entfernung einer der nächsten sonnenähnlichen Sterne, der andere ein Dreifachstern. Dessen eine Komponente ist der uns nächste Weiße Zwerg (also ein verloschener Stern), und zwar der einzige, der mit kleinen Teleskopen zu sehen ist – und eine andere die Sonne von Mr. Spocks Heimatwelt Vulkan.

Was im Sternbild Eridanus allerdings fehlt, sind auffällige Galaxien. Tatsächlich klafft hier einem nicht unumstrittenen Befund aus dem Jahr 2007 zufolge in der Beuge zwischen τ und ζ der größte bekannte sogenannte Void, das ist ein Weltraumvolumen mit stark unterdurchschnittlicher Galaxiendichte. Es ist acht Milliarden Lichtjahre entfernt, aber am Himmel mehrere Vollmondscheiben groß. An genau dieser Stelle zeigt auch die kosmische Hintergrundstrahlung einen auffälligen »kalten Fleck«. Eine Forscherin erklärte sich dieses »Loch im Himmel« schon als Abdruck eines Paralleluniversums. Das mythische Potential des Eridanus scheint noch immer nicht ausgeschöpft.

# Fische

Der Februar ist der mit Abstand unerquicklichste Monat von allen: Weihnachten ist lange vorbei, bis Ostern ist es noch hin und auf der Nordhalbkugel schlägt der Winter allmählich aufs Gemüt. Doch inmitten dieser Schreckenszeit wecken die Fische Hoffnung. Nicht, dass ihr Sternbild dann am Nachthimmel irgendwo sichtbar wäre. Noch werden wir an sie allein durch den Brauch erinnert, Menschen, die in diesen Wochen Geburtstag haben, in freier Assoziation mit den Fischen in Verbindung zu bringen. Aber das schafft wenigstens eine gedankliche Brücke zum Frühling, genauer gesagt zum Frühlingspunkt.

Das ist jener Punkt am Himmel, an dem die Sonne auf ihrer scheinbaren Bahn, der Ekliptik (graue Linie im Bild), den Himmelsäquator kreuzt und an dem Tag, an dem sie das tut, um sechs Uhr morgens auf- und um sechs Uhr abends untergeht. Zu dieser Tagundnachtgleiche befand sich die Sonne im Altertum im Sternbild Widder. Heute liegt der Frühlingspunkt in den Fischen (lateinisch Pisces), etwas unterhalb des Sterns $\omega$ Piscium. Die Sonne erreicht die Stelle am 21. März, dem astronomischen Frühlingsbeginn.

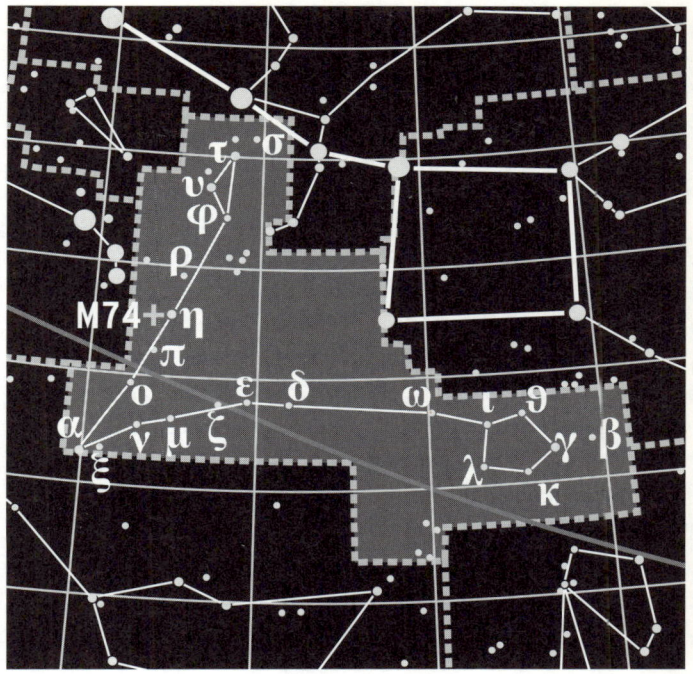

*Zwei Fische (oben und rechts) und zwischen ihnen ein rätselhaftes Band.*

Auch wenn die Fische also nicht immer den psychologisch wichtigsten der vier Jahreszeitenwechsel verkündeten – prominent war dieses Sternbild aufgrund seiner Lage auf der Ekliptik von Anfang an. Dabei ist es alles andere als auffällig und enthält auch heute noch wenig astronomische Sensationen. Lediglich die Spiralgalaxie M74 verdient Erwähnung. Sie ist das schwächste der 110 Nebelobjekte, die der französische Astronom Charles Messier (an ihn erinnert das »M«) im 18. Jahrhundert zusammenstellte, und wurde erst durch die modernen Groß- und Weltraumteleskope in ihrer ganzen Pracht sichtbar.

Das Motiv der Konstellation wiederum ist ohne Kenntnis der Tradition schwer zu identifizieren. Spätestens zu Zeiten der Babylonier soll man sich darunter zwei Fische vorgestellt haben (gebildet zum Beispiel durch die Sterne τ, υ und φ sowie ι, ϑ, γ, κ und λ), die im rechten Winkel voneinander wegschwimmen, aber durch ein Band verbunden bleiben. Die Griechen deuteten sie als Eros und Aphrodite, die sich in Fische verwandelt hatten, um dem Ungeheuer Typhon zu entkommen. Das Band habe dazu gedient, dass sich der kleine Gott der Verliebtheit und die große Göttin der Liebe in der Not nicht verlören. Auch dieses Motiv könnten die Griechen von den Babyloniern übernommen haben. Denn das Band geht durch den Stern α Piscium, dessen Name Alrisha zwar arabisch ist, der sich aber von dem akkadischen Wort »riksu« ableitet, was tatsächlich »Band«, aber auch »Vertrag« bedeutet: dauerhaft bindendes Versprechen.

# Fliege

**A**lles hat seine zwei Seiten, selbst der Einzug des Frühlings. Denn so unangenehm der Winter war, einen Vorteil hatte er: Man konnte des Abends bei erleuchteter Stube unbeschwert das Fenster öffnen. Ab April ist das nicht mehr zu empfehlen, es sei denn, man hat nichts gegen sechsbeinige Besucher. Muscae, Fliegen, nannten die alten Römer nicht nur Vertreter jener Insektenfamilie, sondern auch aufdringliche Mitmenschen oder ungebetene Gäste. Da fragt man sich, wie ein so unbeliebtes Lebewesen in den Sternenhimmel gelangen konnte. Zumal sich die Konstellation Fliege an einer der schönsten Ecken des Firmaments befindet. Prächtig prangt sie mitten im Band der Milchstraße, direkt unterhalb des Kreuzes des Südens. Mit diesem teilt sie sich eine sehr eindrucksvolle Dunkelwolke, den Kohlensack, der oberhalb von β Muscae in das Gebiet des Sternbildes hineinragt.

Warum also Fliege? Die Römer jedenfalls sind unschuldig, obgleich die fragliche Himmelsgegend damals im äußersten Süden ihres Machtbereichs durchaus zu sehen war. Die antiken Astronomen rechneten sie jedoch zum Sternbild Kentaur. Dann drehte die Präzession der Erdachse die Region aus dem europä-

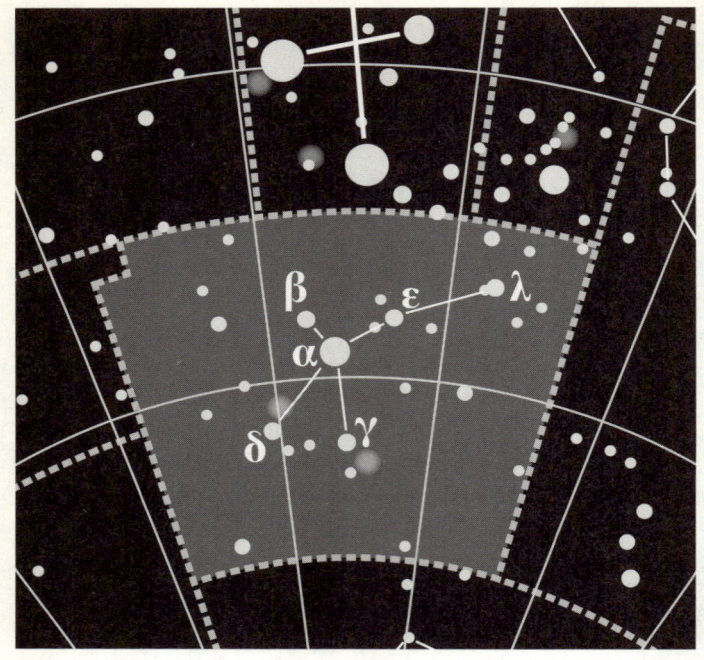

*Eine Biene hätte sie auch sein können. Aber leider ging die Dialektik schief.*

ischen Gesichtsfeld. Ende des 16. Jahrhunderts bereisten dann Pieter Dirkszoon Keyser und Frederick de Houtman den Indischen Ozean und beschrieben dabei die ersten Sternbilder des tiefen, in Europa nicht oder nicht mehr sichtbaren Südhimmels. Die beiden Holländer waren es auch, die südlich des Kreuzes ein Insekt erblickten, allerdings dachten sie an einen anderen, sehr viel populäreren Frühlingsboten: Apis (Biene) nannten sie das schöne Sternbild.

Nun gab es aber auf den ersten neuzeitlichen Sternkarten am Nordhimmel, in der Gegend des Widders, bereits ein Sternbild dieses Namens, das 1624 in Vespa (Wespe) und später in Musca Borealis (nördliche Fliege) umbenannt und schließlich ganz gestrichen wurde. Und dieser jähe Abstieg im Insektenreich hatte mit dem im Süden verstirnten Kerbtier zu tun. Erst durfte das nördliche keine Biene mehr sein, weil es ja schon eine südliche gab. Dann fürchtete Nicolas Louis de Lacaille, der andere große Uranograph des Südhimmels, im 18. Jahrhundert eine Verwechslung von »Apis«, der Biene, mit »Apus«, dem Paradiesvogel, weswegen er kurzerhand eine südliche Fliege (Musca Australis) daraus machte, welche die Existenz einer nördlichen bald entbehrlich erscheinen ließ. Übrig blieb allein die Fliege im Süden – und ein Beispiel dafür, dass bei dialektischen Prozessen nicht immer etwas Vernünftiges herauskommt.

# Fliegender Fisch

**F**ischiges am Firmament gibt es zuhauf. Auch wenn dort den insgesamt neun meeresbiologisch inspirierten Sternbildern 21 Landtiermotive gegenüberstehen, werden sie vom geflügelten Viehzeug (ebenfalls neun) wenigstens nicht übertroffen. Wobei das Sternbild Volans zum wässrigen Bezirk zu rechnen ist: Als es zuerst 1598 auf Petrus Plancius' Himmelsglobus auftauchte, hieß es noch »Piscis volans«, Fliegender Fisch.

Plancius hat ihn zusammen mit elf anderen neuen Sternbildnamen von Pieter Dirkszoon Keyser und Frederick de Houtman übernommen, die die Meere unter dem Südhimmel bereist hatten. Doch liegt der Fliegende Fisch nicht so tief im Süden, dass die antiken Astronomen ihn nicht hätten sehen können: Unterhalb 26° nördlicher Breite steigt er über den Horizont, also etwa im ägyptischen Theben und war im Altertum bekannt. Dort lag das riesige Sternbild des Schiffes Argo, das Astronomen des 18. Jahrhunderts in die Teile Segel, Heck und Kiel (lateinisch Carina) aufteilten. Der Fliegende Fisch wiederum ist eigentlich ein Teil des Kiels. Auf vielen Karten, auch der hier gezeigten, kreuzen sich die Linienmuster von Carina und Volans.

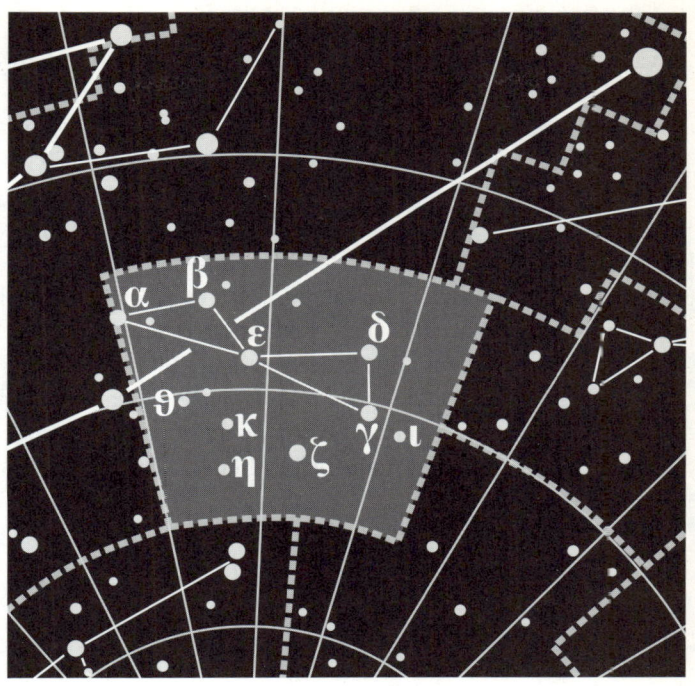

*Am Kiel des Schiffes (dicke Linie) spielt der Fliegende Fisch.*

Nun sind die Sterne dort recht schwach. Der hellste, β Volantis, ist kaum heller als das »Reiterchen« auf der Deichsel des Großen Wagens. Und dass γ, ε und κ Volantis mit modernen Amateurteleskopen als Doppelsterne erkennbar sind, ist auch kein Grund zu besonderer uranographischer Hervorhebung.

Immerhin, das exotische Tier, das hier Pate stand, war in der Antike bekannt, wenn auch nur vom Hörensagen. Die tropische

Familie der Exocoetidae hat ihren Namen von einem bei Plinius erwähnten Fisch namens Exocoetus, der sein »Bett draußen« (griechisch exo koite) hat. Die Beschreibung lässt zweifeln, ob Plinius oder selbst Klearchos von Soloi, der das Tier zuerst erwähnt, je ein lebendes Exemplar gesehen hat. Dabei scheint Klearchos, ein Schüler des Aristoteles, viel in der Welt herumgekommen zu sein. Doch zum Schlafen hüpfen diese Tiere nicht aus dem Wasser, um anschließend in einigen Metern Höhe über Distanzen von mehreren hundert Metern zu gleiten, sondern eher zwecks Flucht vor tierischen Fressfeinden – wobei sie den menschlichen dann oft geradewegs in die Boote springen, etwa auf Barbados, wo fliegende Fische quasi ein Nationalgericht sind. Gut möglich, dass Keysers und de Houtmans Begegnung mit dem Paten ihres kleinen Sternbildes nicht zuletzt kulinarischer Natur war.

# Füchschen

**D**ie Stunde des Füchschens hätte im Juli 1967 schlagen können. Da wertete die junge Astronomin Jocelyn Bell Daten des nagelneuen Radioteleskops der Universität Cambridge aus. Dabei fiel ihr im Sternbild Füchschen ein Signal auf, das exakt alle 1,3373 Sekunden wiederkehrte. Irgendetwas schien dort mit unnatürlicher Regelmäßigkeit zu blinken. Bell und ihr Doktorvater Antony Hewish konnten es sich zunächst nur als Radiosignal einer außerirdischen Zivilisation erklären und gaben dem Objekt die vorläufige Bezeichnung LGM-1, von »Little Green Men« – kleine grüne Männchen.

Völlig absurd war das nicht. Das Füchschen liegt inmitten des dieser Tage noch hoch am Abendhimmel prangenden Sommerdreiecks aus den Sternen Wega, Deneb und Atair und damit ganz im Band der Milchstraße, wo die Sternendichte besonders groß ist und damit auch die Wahrscheinlichkeit anderer bewohnter Planeten, so es dergleichen gibt. Die Objektdichte machte Regionen wie diese nach Erfindung des Teleskops besonders interessant. So ist im Füchschen bereits mit einem guten Fernglas der Hantel-Nebel M27 zu sehen, der hellste planetarische Ne-

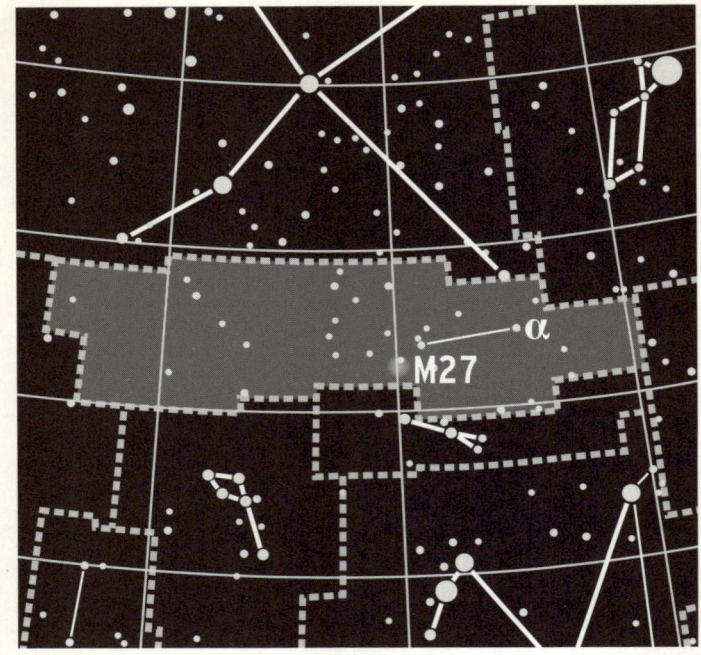

*Gans, du hast den Fuchs gestohlen.*

bel des Nordens. Das erhöhte Potential für neue Entdeckungen mag es auch gewesen sein, was Johann Hevelius 1687 dazu bewog, neben dem winzigen antiken Sternbild Pfeil eine weitere Mini-Konstellation einzuführen. Hevelius nannte sie »Vulpecula et Anser«, Füchschen und Gans, wobei die Gans sich vor allem auf den Hauptstern α Vulpeculae beschränkte und später aus dem Sternbildnamen wieder verschwand.

Bald vorbei war auch die Karriere von LGM-1 als Heimat außerirdischer Funker. Schnell war klar, dass es sich um einen rasch rotierenden Neutronenstern handeln muss, einen sogenannten Pulsar. Die Entdeckung war spektakulär genug, um 1974 mit dem Nobelpreis bedacht zu werden – allerdings nur für Hewish, nicht für Jocelyn Bell. Sie wurde trotzdem berühmt und geadelt und hat sich öffentlich nie darüber beklagt, dass ihre untergeordnete Stellung damals ungerechten Einfluss auf ihre Sichtbarkeit gehabt hatte. Immerhin, dem Füchschen ging es auch nicht besser. Als der »Spiegel« im April 1968 über ihre Entdeckung berichtete, verortete er das bizarre neue Objekt lediglich in der »Himmelsregion zwischen den sichtbaren Sternen Wega im Sternbild Leier und Atair im Adler«.

# Füllen

Das kleinste aller 88 heutigen Sternbilder ist das Kreuz des Südens. Es ist in unseren Breiten nie zu sehen, trotzdem kennt es jeder. Das zweitkleinste dagegen kennt kaum jemand. Dabei ist das Füllen – lateinisch Equuleus (wörtlich »Pferdchen«) – am Nordhimmel bestens sichtbar. Gleich neben Pegasus steht es im Herbst am Abendhimmel.

Tatsächlich ist das Füllen ein antikes Sternbild. Das heißt, es gehört zu den 48 Konstellationen, die Klaudios Ptolemaios um das Jahr 140 nach Christus auflistete. Der Astronom könnte das Füllen selbst eingeführt oder von dem 300 Jahre früher wirkenden Hipparch von Nikäa übernommen haben, dessen Sternkatalog er benutzte. Bei Aratos von Soloi jedenfalls, der etwa ein Jahrhundert vor Hipparch die Sternbilder in seinem später vielgelesenen Lehrgedicht »Phainomenai« (Erscheinungen) besang, fehlt das Füllen. Und auch der um 195 vor Christus verstorbene Geograph und Mathematiker Eratosthenes von Kyrene nennt das Pferdchen noch nicht, falls das unter seinem Namen zusammengefasst erhaltene Sternbildbuch »Katasterismoi« tatsächlich von ihm stammt. Das wird mitunter bezweifelt, auch deshalb, weil

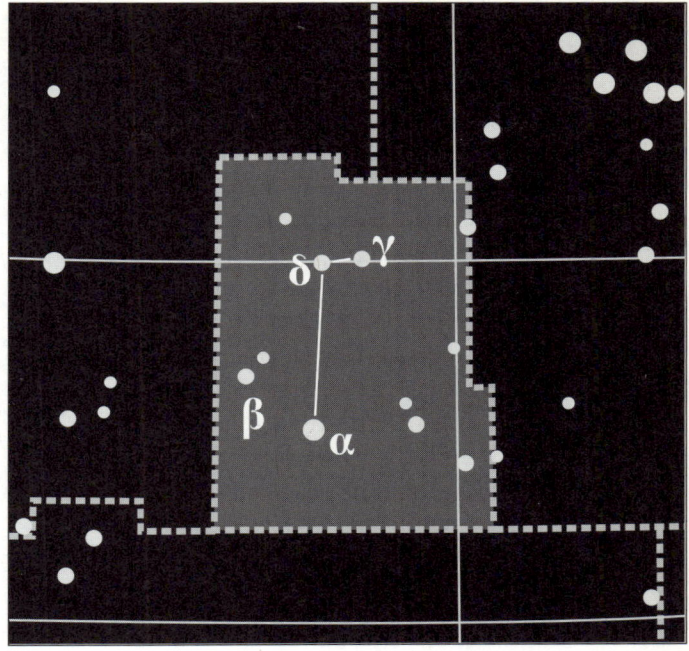

*Pferdchen vor der Nase des Pegasus, des Nachbarsternbildes zur Linken.*

man Eratosthenes heute gerne als Lichtgestalt der rationalen Wissenschaft feiert, und dazu scheint eine Sammlung von Sternbild-Sagen schlecht zu passen. Andererseits zeugen die Katasterismoi von mindestens so viel philologischem wie mythologischem Interesse.

So oder so hat die Nichterwähnung des Füllens bei Eratosthenes die Folge, dass wir zu diesem Sternbild keine authentische antike Sage haben. Was es dazu zu lesen gibt, sind spätere Spekulationen. Das gilt auch für die Identifikation des Füllens mit dem Kind der Melanippe. Diese Gestalt führt Eratosthenes unter Berufung auf zwei leider verlorene Dramen des Euripides als Erklärung für die Konstellation Pegasus an: Melanippe (»schwarzes Pferd«) wird nach einer Verführung schwanger und flieht aus Furcht vor ihrem Vater auf den Berg Pelion. Als die Entdeckung droht, bittet sie die Götter, in eine Stute verwandelt zu werden, was ihr Artemis prompt gewährt.

So wunderbar diese Geschichte zu der intimen Nähe von Pegasus und Füllen am Firmament passen würde, Ptolemaios bezeichnet das mit viel Phantasie als Pferdeköpfchen erahnbare Sternbild lediglich als »protomé hippou«, zu Deutsch »Büste des Pferdes«, und damit als einen Teil des Pegasus. Auf Arabisch heißt das »qidt'at al-faras«, und dies wurde in der verballhornten Form »Kitalpha« später der Name des Hauptsterns α Equulei.

# Fuhrmann

Im Jahr 2011 ist die Welt für manch einen düsterer geworden. Da mag der Hinweis trösten, dass sich auch da etwas aufgehellt hat: der seltsame Stern ε Aurigae.

Seither leuchtet er wieder als fünfthellstes Mitglied eines Sternbildes, das weniger bekannt ist, als es ihm zustünde, steht es doch immerzu am Nordhimmel, ist um den Jahreswechsel, in den dunkelsten Wochen des Jahres, abends im Zenit gut zu sehen und hat Amateurastronomen drei Sternhaufen namens M36, M37 und M38 zu bieten. Es gleicht einem fünfeckigen Papierdrachen, dessen südlichste Ecke im Stern β Tauri das bekannte Nachbarsternbild Stier berührt. Aurigas mangelnde Prominenz mag hierzulande an dem wenig glanzvollen deutschen Namen »Fuhrmann« liegen. Das lateinische Auriga lässt sich aber auch vornehmer mit »Wagenlenker« wiedergeben, und tatsächlich sah man im Altertum in dem Sternbild den mythischen Athenerkönig Erichthónios, der als erster Mensch auf die Idee gekommen sein soll, vier Pferde vor einen Wagen zu spannen.

In Wahrheit hatten die Griechen das bei ihnen Heníochos (»Zügelhalter«) genannte Sternbild genauso aus dem Orient

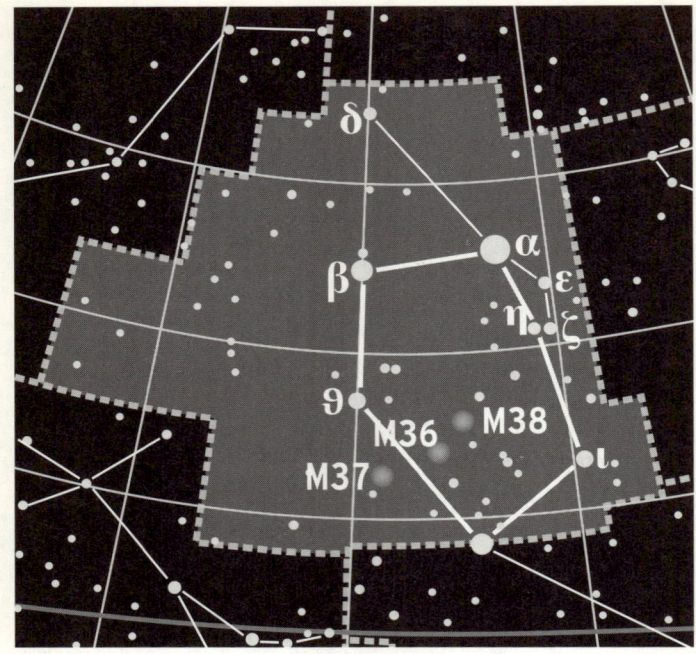

*Hier geschieht Finsteres: der Wagenlenker mit der Ziege.*

übernommen wie die Streitwagentechnik. Dass es dabei möglicherweise ein älteres Motiv überlagerte, darauf verweist der Name »Capella« (kleine Ziege) des Hauptsterns α Aurigae. Es soll sich dabei um Amalthaia handeln, deren Milch den kleinen Zeus nährte, während seine Mutter ihn vor dem Vater Kronos versteckt hielt, der – mit Recht – fürchtete, dass ihn eines seiner Kinder dereinst stürzen würde.

Capella besteht aus zwei einander umkreisenden Doppelsternpaaren, trotzdem ist es ein astronomisches Feld-, Wald- und Wiesenobjekt, verglichen mit besagtem ε Aurigae. Der ist ein veränderlicher Stern, der sich alle 27 Jahre für 18 Monate um gut die Hälfte verdunkelt. Und die jüngste dieser Verdunklungen ist im Sommer 2011 zu Ende gegangen. Die einzige Möglichkeit, mit der sich die Astronomen diese Finsternisse erklären können, ist die, dass der Stern von einem kühleren Begleiter umkreist wird, der sich periodisch in die Sichtlinie zur Erde schiebt. Das Problem: Dieser Begleiter kann kein bloßer Stern sein, denn im Spektrum von ε Aurigae findet sich keine Spur seines Lichts. Auf der anderen Seite ist er enorm groß, wie die lange Dunkelperiode nahelegt. Wahrscheinlich handelt es sich um eine gewaltige Staubscheibe, die einen darin verborgenen Begleitstern umgibt und in der sich vielleicht gerade Planeten bilden. Dann dürfte sich der Staub in wenigen Millionen Jahren lichten. Und dann wird zumindest diese Finsternis niemals wiederkommen.

# Giraffe

**S**üdlich des Polarsterns scheint das Firmament ein Loch zu haben. Zwischen dem berühmten Großen Wagen und dem kaum minder prominenten »W« der Cassiopeia ist mit bloßem Auge sowie unter den Sichtbedingungen mitteleuropäischer Städte kaum ein Stern zu sehen. Und das auf fast einem Viertel des zirkumpolaren Areals, wo die Sterne dem Himmelsnordpol so nahe sind, dass sie in unseren Breiten nie hinter den Horizont verschwinden.

Bereits die antiken Astronomen sahen an ihrem noch nicht lichtverschmutzten Nachthimmel hier nicht genug Sterne, um sie zu einem Bild zu verbinden. Die Konstellation Giraffe ist daher das Resultat eines neuzeitlichen Willens zur Vollständigkeit. Der holländische Himmelskartograph Petrus Plancius ersann es im Jahre 1613. Zwei französische Astronomen des 18. Jahrhunderts meinten, hier stattdessen ein Rentier (Ragnifer) oder einen »Erntehüter« (Custos Messium) zu erkennen. Doch es blieb bei dem exotischen Tier, das – im Gegensatz zu anderen neuzeitlichen Sternbildnamen – durchaus noch ins antike Spektrum fällt: Plinius erwähnt eine von Caesar nach Rom gebrachte Gi-

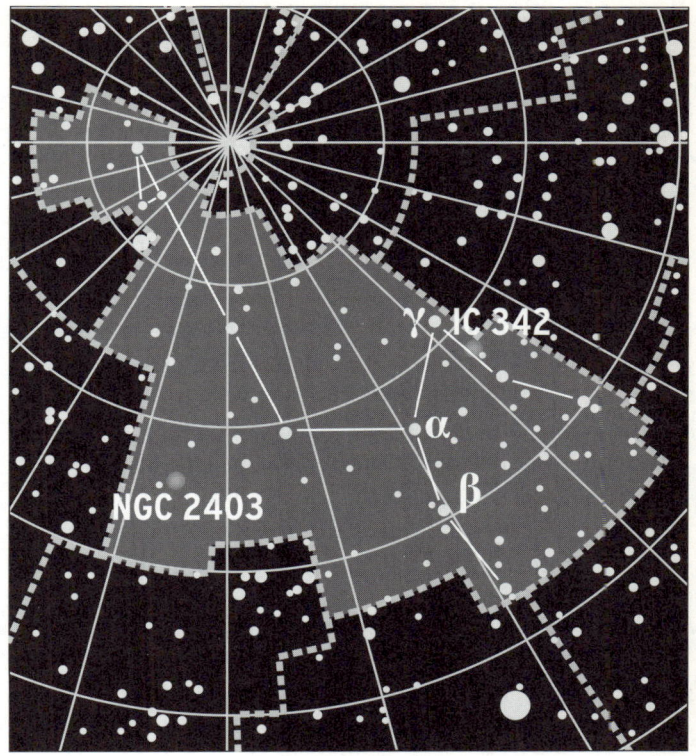

*Hier zeigt sie sich endlich mal – die scheue Giraffe.*

raffe, und im Grab des ägyptischen Wesirs Rechmire findet sich eine abgebildet.

Möglicherweise verdankt die Giraffe ihre bleibende Verstirnung aber auch einem frommen Missverständnis. Der deutsche Astronom Jacob Bartsch, Johannes Keplers Schwiegersohn, dem

daran gelegen war, heidnische Sternbilder christlich umzuinter-
pretieren, übernahm 1624 Plancius' Vorschlag mit der Bemer-
kung, es handele sich um »das Kamel, auf dem Rebecca mit dem
Sklaven Abrahams zu Isaak reiste«. Immerhin, an ihrem lateinischen Namen Camelopardalis wird deutlich, dass man die Giraffe in der Antike für eine leopardenartig gefleckte Variante des
Kamels hielt.

Astronomisch hat die Giraffe noch immer wenig zu bieten.
Für Hobby-Sterngucker ist allenfalls die Spiralgalaxie NGC 2403
interessant, die bereits mit einem Feldstecher zu sehen sein soll.
Für den zur Maffei-Galaxiengruppe gehörenden Spiralnebel
IC 342 braucht man dagegen ein Großteleskop. Die Sterne der
Giraffe sind nicht nur optisch, sondern auch wissenschaftlich
unauffällig. Der hellste, β Camelopardalis, ist ein sonnenähn-
liches Objekt, das mit gut 1000 Lichtjahren zu weit entfernt ist,
als dass man dort schon nach extrasolaren Planeten gesucht
hätte – und die anderen Sterne sind oft auch nicht viel näher.
Hinsichtlich der unmittelbaren galaktischen Nachbarschaft der
Sonne klafft in der Richtung des Sternbildes Giraffe also tatsächlich ein Loch.

# Grabstichel

**D**ie Südhalbkugel ist privilegiert, jedenfalls was die Ausstattung mit Sternbildern angeht. Von 88 Konstellationen liegen 31 nördlich des Himmelsäquators, zwölf auf der Äquatorlinie, aber 45 südlich davon.

Wer jemals den südlichen Sternenhimmel bewundern konnte, wird das zunächst nicht für ungerecht halten. Dort ist objektiv mehr los. Aber rechtfertigt die größere Zahl an funkelnden Sternhaufen und leuchtenden Gasnebeln wirklich 14 Sternbilder mehr? Immerhin ist der Südhimmel bis ins Jahr 1763 noch mit genau 14 Sternbildern weniger ausgekommen. Wo es dort etwas zu sehen gab, hatten sich vor allem zwei holländische Seefahrer im ausgehenden 16. Jahrhundert schon Bebilderungen ausgedacht, zumeist exotische Lebewesen, vom Fliegenden Fisch bis zum Indianer.

1763 nun erschien unter dem Titel »Coelum Australe Stelliferum« ein Sternatlas des Südens mit 14 neuen Sternbildern, die meist nautische oder technische Geräte darstellen sollen. Darunter findet sich auch das Caelum Scalptoris, heute nur Caelum genannt, zu Deutsch Grabstichel. Damit ist aber kein

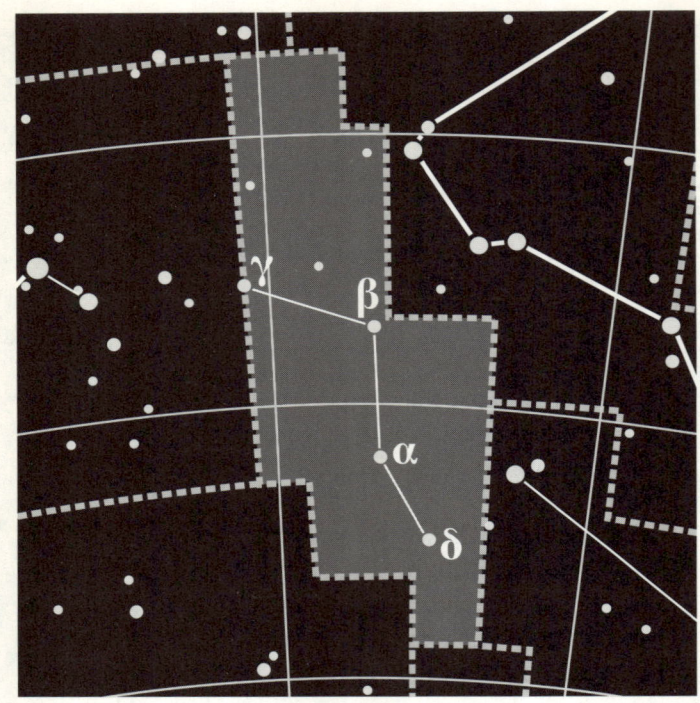

*Ein Hoch dem Kupferstich, der einst das gedruckte Wissen bebilderte.*

Gartengerät gemeint, sondern das Werkzeug eines Kupferstechers.

Beim Blick auf die Himmelskarte erschließt sich allerdings nicht, warum dieses Sternbild nötig war. Es enthält keinerlei auffällige Objekte, selbst seine Sterne sind ohne Instrument kaum zu sehen. Dennoch hielt Nicolas Louis de Lacaille, der Autor des »Coelum Australe«, es für sinnvoll, hier, westlich des Sternbildes Taube, einem für das bloße Auge leeren Himmelsfleck ein eigenes Sternbild zu spendieren. Lacailles übrige 13 Konstellationen fallen durch eine ähnliche optische Öde auf. Dass er sie aus Ruhmsucht erfand, ist auszuschließen. Der 1713 in einem Dörfchen in den Ardennen geborene Theologe, der sich nach seiner Weihe zum Diakon ganz der Astronomie und Geodäsie verschrieben hatte, war ein höchst angesehener Gelehrter, dem öffentliches Aufheben um seine Person ausgesprochen zuwider war. Und an seinem Tod vor fast genau 250 Jahren, am 21. März 1762 (sein Atlas erschien postum), soll nicht zuletzt Überarbeitung schuld gewesen sein. Von 1750 bis 1754 war Lacaille auf der Südhalbkugel gewesen, hatte Réunion und Mauritius vermessen und vor allem von Kapstadt aus teleskopisch die Position von 10 000 Sternen des Südhimmels bestimmt. Ihnen konnte er durch seine neuen Konstellationen eine benennbare Heimat jenseits der Tabellen zuweisen, ohne existierende Südsternbilder mit scheinbar leeren Himmelsfeldern zu befrachten. So gesehen hat der Süden nicht zu viele Sternbilder, sondern der Norden vielleicht zu wenige.

## Große Bärin

Das bekannteste aller Sternbilder ist offiziell gar keines. Denn worin wir den Asterismus des »Großen Wagen« erkennen, das war für Astronomen bereits in der Antike nur Hinterteil und Schwanz einer Bärin. Das Tier muss weiblich sein, denn bei Ursa maior, so die Fachbezeichnung, handelt es sich um die Nymphe Kallisto.

Dieser wurde der Sage nach derart übel mitgespielt, dass man ihr das imposante Sternbild von Herzen gönnt: Erst wurde sie von Zeus vergewaltigt, daraufhin von ihrer Chefin, der Jagdgöttin Artemis, verbannt und schließlich von Hera, die ihren Zorn über die Sexualdelikte ihres Gatten zuweilen auch an dessen Opfern ausließ, in eine Bärin verwandelt. Es fehlte nicht viel, und Kallisto wäre auch noch von ihrem eigenen Sohn getötet worden, doch da entrückte Zeus sie rechtzeitig zu den Sternen. Hera war darüber so sauer, dass sie dem Ozean verbat, das Sternbild zu baden, sprich unter den Horizont abtauchen zu lassen. Tatsächlich ist die Konstellation auf der Nordhalbkugel zu jeder Jahreszeit am Himmel zu sehen. Vom griechischen Wort für Bär (oder Bärin), Arktos, lei-

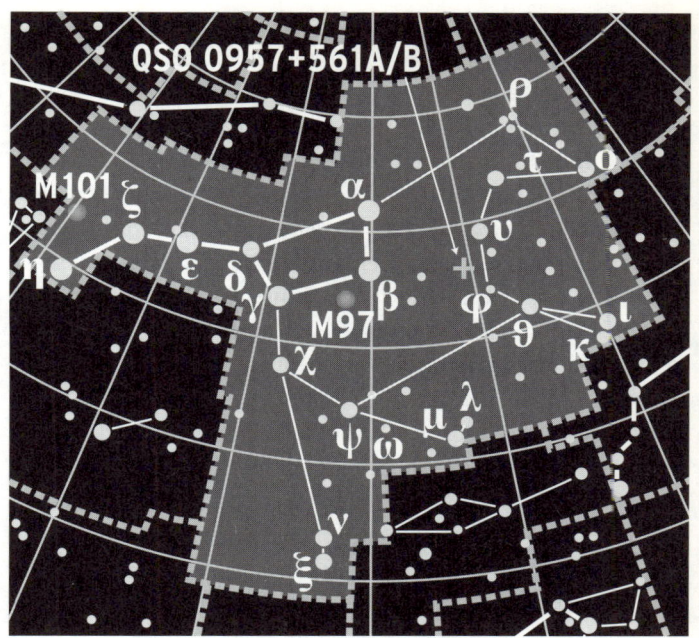

*Jeder erkennt sie, doch die meisten reduzieren sie auf ihr Hinterteil.*

tete sich im Altertum auch die Bezeichnung für die nördlichen Länder ab.

Soweit die Griechen. Andere Völker sahen und sehen dort durchaus anderes: wir Deutschen bekanntlich einen Wagen, die Engländer einen Pflug, die Chinesen einen Löffel, die Amerikaner eine Schöpfkelle (big dipper), die Römer sieben Dreschochsen (septem triones) und die Araber einen Sarg samt Trauerzug. Für einige Indianervölker stellte die Konstellation zwar auch einen Bären dar, jedoch einen, der von drei Jägern, den Deichselsternen ε, ζ und η Ursae maioris, verfolgt wird. Und mit all diesen Bildern ist stets nur das Hinterteil jener griechischen Bärin gemeint.

Dieses beherbergt allerdings nicht nur die hellsten Sterne, sondern auch andere astronomische Attraktionen, etwa die Spiralgalaxie M101 und mit dem »Eulennebel« M97 die abgestoßene Hülle eines sterbenden Sterns. So blass der Oberkörper dagegen erscheinen mag, etwas Interessantes gibt es dort trotzdem zu sehen: QSO 0957 + 561, den sogenannten Zwillingsquasar. Mit fünf Milliarden Lichtjahren ist es das entfernteste Objekt, das sich mit einem Amateurteleskop beobachten lässt. Es besteht aus zwei Flecken, die dieselbe Lichtquelle zeigen. Ihr Bild wird durch eine Gravitationslinse verdoppelt, das ist ein auf der Sichtlinie liegendes Schwerefeld schwächer leuchtender Materie.

Bei dem Zwillingsquasar handelt es sich um eine Galaxie, in deren Zentrum Materiemassen in ein Schwarzes Loch stürzen und dabei irrwitzige Energiemengen abstrahlen – dort, wo man das Herz der sagenhaften Bärin vermuten würde.

## Großer Hund

Ist das der Sirius? Keine Frage, den hellsten aller Fixsterne kennt jeder, zumindest dem Namen nach. Doch wer in unseren Breiten im Frühling oder Sommer einen hellen Stern am Himmel sieht, der hat es wohl mit einem Planeten, vermutlich dem Jupiter, zu tun, aber sicher nicht mit Sirius. Denn α Canis Maioris, wie der prominenteste Teil des Sternbilds Großer Hund (lateinisch Canis Maior) wissenschaftlich heißt, findet sich, wenn man die Richtung der drei Gürtelsterne des Orion nach Südosten (links unten) verfolgt. Wie Orion ist der Große Hund bei uns des Abends nur im Winter zu sehen. Mit Beteigeuze sowie dem Prokyon im kleinen Hund bildet er denn auch das Winterdreieck.

Im Herbst sieht man den Sirius erst in der zweiten Nachthälfte, und im Sommer steht er unsichtbar am Tageshimmel. Erst Ende August ist er zum ersten Mal wieder morgens zu sehen. Den Termin dieses sogenannten heliakalischen Aufgangs des Sirius hat die langsame Taumelbewegung der Erdachse im Laufe der Zeit immer weiter verschoben. Im Altertum fiel dieses Ereignis noch in den Hochsommer, und so bezichtigte man das

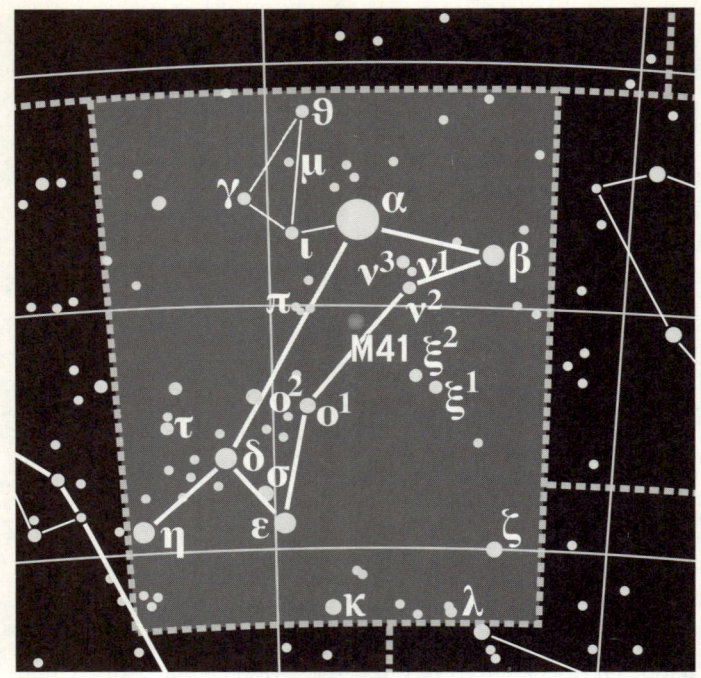

*Mach Männchen! In dieser Version steht der Sirius (α) im Halsband.*

gleißende Gestirn, die Kraft der Sonne zu verstärken und machte es so für die mediterrane Sommerhitze verantwortlich. Sein griechischer Name Seirios bedeutet wörtlich »der Versengende«. Seit der Römerzeit nennt man die heißeste Zeit des Sommers daher auch die »Hundstage«. Denn spätestens um 250 v. Chr. wurde der Stern als Teil einer Hundefigur begriffen, die neben dem Jäger Orion Männchen macht oder auf das unter diesem befindli-

che Sternbild Hase zuspringt. Wirklich populär war das Sternbild damals nicht – dem sengenden Sirius wurde auch die Verbreitung von Malaria und Tollwut nachgesagt.

Die Ägypter hingegen schätzten den Sirius außerordentlich,
da er zwischen etwa 2800 bis 2000 v. Chr., also zur Zeit der Pyra-
midenbauer, den Beginn der lebenspendenden Nilflut anzeigte.
Einen Hund erkannten die Ägypter dort aber ebenso wenig wie
die Sumerer, die den Sirius eher als Bestandteil eines Dreiecks
oder eines Pfeils sahen. Tatsächlich springt einem der Hund keineswegs ins Auge. Das auf dem Bild zu sehende Linienmuster
stammt zwar von der International Astronomical Union, doch ist
die Auswahl der Sterne dafür massiv von der griechischen Vor-
gabe beeinflusst. Etliche schwache Sterne musste man bemü-
hen und im Gegenzug prägnante Objekte wie den offenen Sternhaufen M41 oder NGC 2362 (um den Stern τ Canis Maioris) he-
rauslassen. Hauptsache, etwas Hundeartiges kam dabei heraus.

# Haar der Berenike

Unter den Sternbildmotiven finden wir 39 Tiere, aber erstaunlicherweise keine einzige Pflanze. Das heißt, nicht mehr. Im Jahr 1678 erfand der Brite Edmond Halley im Gebiet der antiken Konstellation Argo das Sternbild »Karlseiche« (Robur Carolinum). Damit wollte er den Baum ehren, auf den sich Charles II. nach der Schlacht von Worcester 1651 vor den Truppen Cromwells gerettet haben soll. Wie die meisten anderen politisch motivierten Sternbildkreationen setzte sich auch dieses nie durch.

Eine, die es schaffte, ist das Haar der Berenike oder Coma Berenices. Es liegt östlich des Löwen, dem man es in der Antike zurechnete. In dem auffallenden Sternhaufen bei β Comae Berenices sah man die Quaste seines Schwanzes. Dann geschah es, dass der ägyptische König Ptolemaios III. 246 v. Chr. gegen Syrien zog, um seiner Schwester Berenike beizustehen. Die war an den Seleukiden Antiochos II. verheiratet und nach dessen Tod in Thronstreitigkeiten verwickelt worden. Ptolemaios' Frau, die ebenfalls Berenike hieß, gelobte, bei einer siegreichen Rückkehr ihres Gatten ihr Haar abzuschneiden und es der Aphrodite zu weihen. Obgleich Ptolemaios seine Schwes-

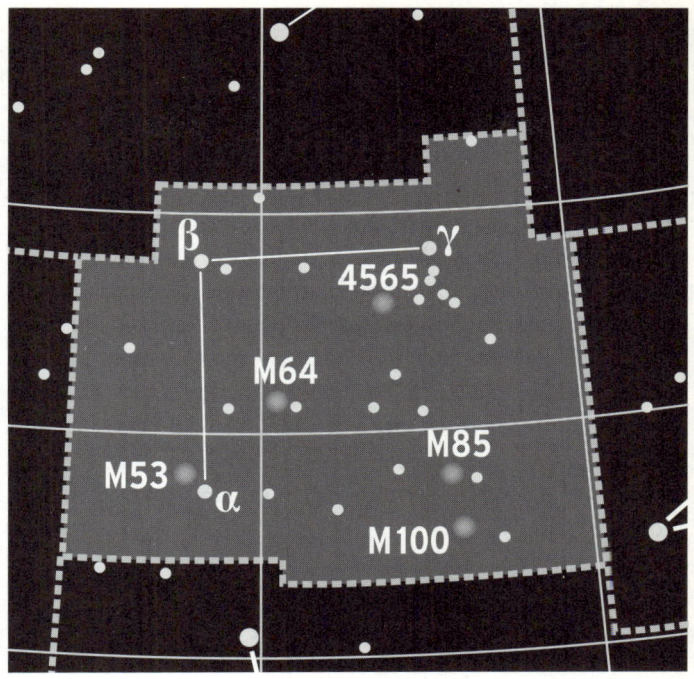

*Haufenweise Galaxien finden sich im Haar der resoluten Ägypterin.*

ter und ihren kleinen Sohn nicht mehr retten konnte, siegte er, und Berenike wurde geschoren. Doch anderntags waren die Locken aus dem Tempel verschwunden. Da behauptete der Hofastronom Konon von Samos, im Löwen seien neue Sterne aufgetaucht, was nur heißen könne, dass die Götter von dem Haaropfer so entzückt gewesen seien, dass sie es an den Himmel versetzt hätten. Da Ägypten das Zentrum der antiken Astronomie war, blieb es bei der Locke am Himmel, die allerdings erst 1551 durch Gerhard Mercator zu einem separaten Sternbild erklärt wurde.

Tatsächlich ist sie dank des Coma-Sternhaufens optisch eigenständig. Der ist übrigens nicht zu verwechseln mit dem Coma-Galaxienhaufen, der sich weiter östlich gegen den Stern β Comae Berenices hin befindet. Die zugehörigen Galaxien sind aber mit 300 bis 450 Millionen Lichtjahren zu weit entfernt, um ohne großkalibrige Teleskope sichtbar zu sein. Deutlich heller sind die Galaxien des Messier-Katalogs, erkennbar am M im Namen, die sich am Südende des Sternbildes auffällig häufen. Auch sie gehören zu einem Galaxienhaufen, dem nur 65 Millionen Lichtjahre entfernten Virgo-Cluster. Er ist das Zentrum eines Superhaufens, zu dem auch unsere Milchstraße gehört. Wenn es also für uns einen Mittelpunkt des Universums gibt, dann liegt er dort.

# Hase

Ja, es gibt ihn tatsächlich. Doch im Gegensatz zu anderem Kleingetier, das kein uranographischer Laie am Firmament vermutet hätte, gehört der Hase, lateinisch Lepus, nicht zu jenen Schöpfungen, mit denen neuzeitliche Astronomen den Südhimmel oder auch so manche sternarme Ecke des Nordens angefüllt haben. Der Hase war nicht nur bereits den arabischen Astronomen des Mittelalters bekannt, von denen der Hauptstern, α Leporis, seinen Namen Arneb (von al-arnab, »der Hase«) hat. Nein, der Hase ist ein genuin antikes Sternbild.

Bereits der griechische Autor Aratos von Soloi würdigt ihn um 250 vor Christus in seinem Lehrgedicht Phainomena (»Erscheinungen«), in dem er sich fachlich an dem großen Gelehrten Eudoxos von Knidos orientierte, der noch einmal hundert Jahre früher wirkte. Mindestens so lange ist also auch der Hase schon am Himmel.

Wie kam er da hin? Aratos bringt das Sternbild mit dem des Großen Hundes in Verbindung. Demnach liefern die beiden sich mit der täglichen Umdrehung des Himmelsgewölbes eine ewige Verfolgungsjagd: »Dicht hinter ihm geht er [der Hund]

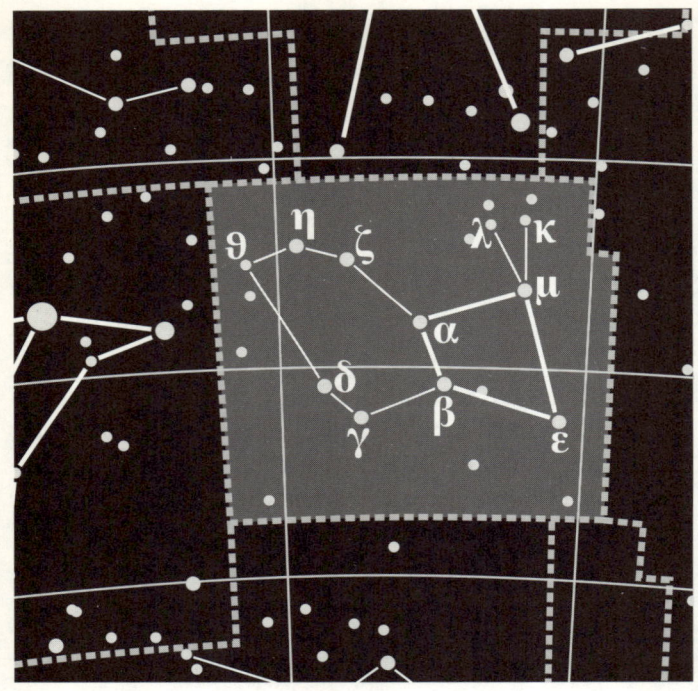

*Da hoppelt der Hase dem Großen Hund (links dessen Schnauze) davon.*

auf, und wenn er untergeht, blickt er auf den untergehenden Hasen.« Wie es dazu kam, und warum der Hase genau zu Füßen
des Orion flieht, sagt Aratos allerdings nicht. Erst ein paar Jahrzehnte später überlieferte der Mathematiker Eratosthenes, der
auch in mythographischen Dingen sehr auf Vollständigkeit und
Widerspruchsfreiheit bedacht war, der Hase sei wegen seiner be-
händen Art sich fortzubewegen an den Himmel versetzt worden,

und zwar vom Gott Hermes, der das zweifellos am besten beurteilen konnte.

Eine interessantere Erklärung findet sich indes in den lateinischen »Poetica Astronomica«, aus denen das Mittelalter seine Bildung in Sachen Sternbildsagen vornehmlich schöpfte, und das unter dem Namen eines gewissen Hyginus überliefert ist, über dessen Identität nichts weiter bekannt ist. Nachdem dieser Hyginus Zweifel daran referiert hat, ob denn ein so großer Jäger wie Orion es nötig habe, seinen Hund auf einen kleinen Hasen zu hetzen, erzählt er, wie einst ein junger Mann auf die bis dahin hasenlose Ägäis-Insel Leros eine trächtige Häsin brachte. Bald darauf war die Hasenzucht große Mode auf Leros – bis die Tiere dermaßen überhandnahmen, dass ihre Fraßschäden auf den Feldern zu einer Hungersnot führten. Gemeinschaftlich vertrieben die Leute von Leros die Hasen von ihrer Insel, und das Tier wurde an den Himmel versetzt, zur Warnung vor Vergnüglichkeiten, die im Desaster enden.

# Herkules

Im All gibt's kein Oben und Unten. Doch auch Sternkarten muss man irgendwie herum halten, und so ist es üblich, sie mit dem nördlichen Himmelspol nach oben darzustellen. Viele Sternbilder richten sich danach, doch ausgerechnet das des berühmtesten Sagenhelden tut es nicht: Seine nördlichen Sterne ι und χ Herculis sind nach traditioneller Lesart die Füße, und im Süden heißt der Stern β auch Kornephoros (»Hornhalter«) oder Ruticulus (»Keulchen«), soll also die rechte Hand oder die Lieblingswaffe des Heroen andeuten.

Allerdings, dass es sich dabei um Herkules handele, der den linken Fuß im Triumph auf den Kopf des konstellar benachbarten Drachen stellt, das überliefert erst Eratosthenes um 200 v. Chr. Bereits 250 Jahre früher soll Aischylos in einer verschollenen Tragödie hier den Herkules gesehen haben, doch nicht als Drachenbezwinger, sondern als demütig Niederknienden, der, von den Ligurern bedrängt, Zeus um Hilfe anfleht. Ein Mann »auf den Knien« (griechisch »en gonasin«) scheint denn auch die verbreitete Assoziation des antiken Menschen mit dieser Sternengruppe gewesen zu sein. Bis weit in die Römerzeit ist

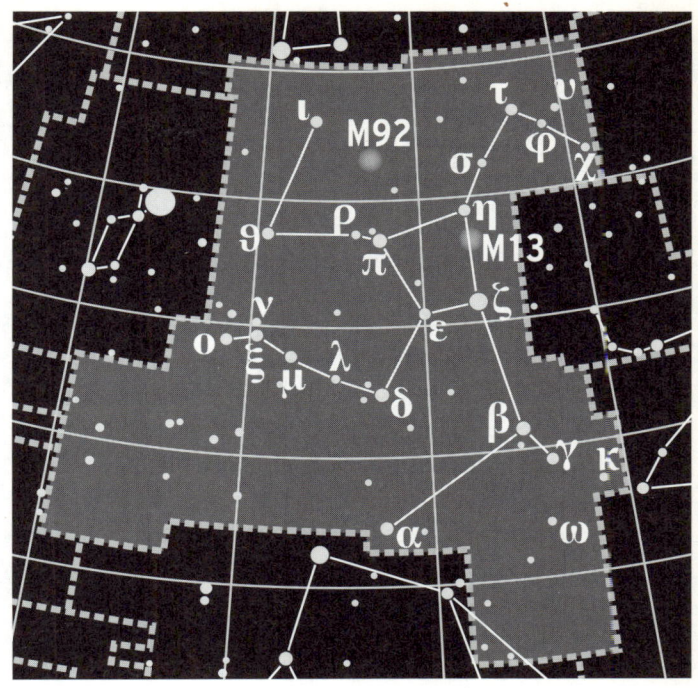

*Ein Held steht Kopf, die Frage ist nur, ob er dabei kniet oder prügelt.*

sie nur als »Engonasin« bekannt, und noch die Araber nannten α Herculis »Kopf des Knienden«. Erst später setzte sich die heroische Interpretation des Eratosthenes durch, etwa bei Johann Hevelius, der 1687 nebenan das später wieder verschwundene Sternbild Zerberus erfand. Die Entführung des Höllenhundes war schließlich die letzte und schwierigste der zwölf Taten gewesen, die Herkules der Sage nach zu erfüllen hatte.

Der große Name nutzte nichts: Herkules blieb ein vergleichsweise blasses Sternbild. Daran ändern auch die Kugelsternhaufen M 92 und M 13 nichts, von denen letzterer als der schönste des Nordhimmels gilt. M 13 war es auch, der 1974 Ziel eines PR-Gags von Frank Drake wurde, dem damaligen Direktor des Arecibo-Radioteleskops auf Puerto Rico und Vater der Search of Extraterrestrial Intelligence (SETI). Drake nutzte seine Antenne, die größte der Welt, um mit einer Sendeleistung von einem Megawatt eine Radiobotschaft an Außerirdische in M 13 zu schicken. Der britische Hofastronom Sir Martin Ryle fand das damals gar nicht lustig. Aus Furcht, potentielle außerirdische Invasoren könnten auf uns aufmerksam werden, versuchte Ryle, die Aktion zu verhindern. Doch das Bitmuster, welches mathematisch begabte Aliens zu einem pixeligen Piktogramm zusammensetzen sollen, ist an die 25 000 Jahre unterwegs bis M13. Bis dahin, so könnte man Drake verteidigen, besitzen auch wir Strahlenkanonen. Denn vor Vater Zeus mag Herkules knien, für alle anderen hat er seine Keule.

# Hydrus

Verwirrenderweise firmiert dieses Sternbild im deutschen Sprachraum unter drei Bezeichnungen: »Südliche Wasserschlange«, »Kleine Wasserschlange« und »Männliche Wasserschlange«. Da belässt man es besser bei »Hydrus«, dem lateinischen Namen, den die Konstellation erhielt, als Pieter Dirkszoon Keyser und Frederick de Houtman sie um 1595 auf ihrer Fahrt im Indischen Ozean beschrieben. Die beiden Holländer hatten sie sich allerdings noch nicht als das hier gezeigte Dreieck vorgestellt. Alte Himmelskarten zeigen stattdessen eine gekrümmte Linie, die sich um die Kleine Magellansche Wolke schlängelt. Diese Zwerggalaxie, ein Satellit der Milchstraße, gehört allerdings zum Nachbarsternbild Tukan. Hydrus selbst ist arm an kosmischen Besonderheiten. Der kaum 25 Lichtjahre entfernte Stern $\beta$ Hydri interessiert Astrophysiker, da er der uns nächste sonnenähnliche Stern ist, der gerade beginnt, sich zu einem Roten Riesen aufzublähen. Und ein Stück westlich von $\alpha$ Hydri liegt in 128 Lichtjahren Entfernung HD 10 180, ein Stern, der von mindestens sechs, möglicherweise sogar neun Planeten umkreist wird. Es wäre damit das größte bekannte Planetensystem.

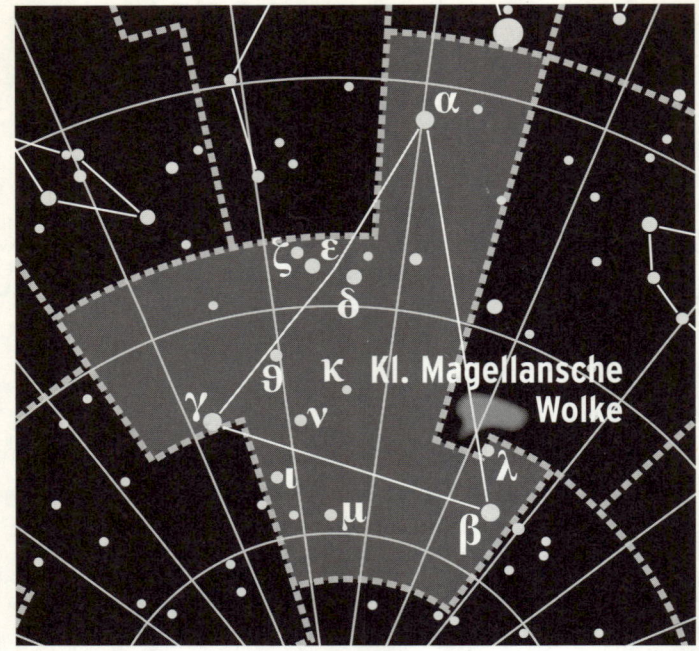

*Südlich, männlich, klein – diese Schlange muss nicht giftig sein.*

All das ist weniger, aber nicht viel weniger als das, was Hydra aufzuweisen hat, die nördlichere, weitaus größere und weib-
liche Wasserschlange am Himmel. Aber anders als Hydra soll
Hydrus kein Fabeltier darstellen, sondern ein reales, wenn auch
exotisches Lebewesen. Ebenso hatten es Keyser und de Houtman
mit den anderen elf Sternbildern gehalten, die sie aus dem tiefen Süden mitbrachten. Tatsächlich bezeichnet das Wort in seiner griechischen Form »hydros« bereits bei Homer kein Sagen-

geschöpf, sondern eine marine Giftschlange, die den thessalischen König Philoktet biss, weswegen dieser zunächst nicht mit in den Trojanischen Krieg ziehen konnte. Allerdings muss der große frühgriechische Dichter da etwas durcheinandergebracht haben. Die giftigen Seeschlangen aus der Familie der Giftnattern (Elapidae) kommen im Mittelmeer nicht vor, sondern erst in den weniger salzigen Meeren weiter östlich, vom Persischen Golf bis nach Japan.

Der römische Naturgelehrte Plinius der Ältere dagegen nennt »hydrus« eine Schlange, »deren Gift so schwach ist wie bei keiner anderen«, und meint wahrscheinlich die Ringelnatter, die zwar nicht im Wasser lebt, aber sich gern in dessen Nähe aufhält. »Ringelnatter« wäre damit vielleicht auch eine geeignete Eindeutschung des Sternbildnamens, wenn es einer solchen denn unbedingt bedarf.

# Indianer

Die Karl-May-Spiele in Bad Segeberg sind im Prinzip dem gesamten Werk des sächsischen Schriftstellers gewidmet. Doch wie sich an dem Spielplan ablesen lässt, ist der Indianerhäuptling Winnetou die mit Abstand populärste Figur in Mays Œuvre: Seit dem Beginn der Segeberger Spiele 1952 gab es nur zehn Spielzeiten, in denen der edle Apache dort fehlte. Seit 1979 ist er ununterbrochen im Einsatz.

Die nordamerikanischen Ureinwohner scheinen von allen Völkern, mit denen es die Europäer im Zuge ihrer globalen Expansion zu tun bekamen, die größte Faszination ausgeübt zu haben – auch wenn das leider kaum Konsequenzen für die Art und Weise hatte, wie man mit ihnen umsprang. Die Faszination begann früh, wie das Sternbild Indianer zeigt. Es steht tief am Südhimmel und wurde daher erst Ende des 16. Jahrhunderts von den holländischen Seefahrern Pieter Dirkszoon Keyser und Frederick de Houtman eingeführt. Nun hatten die beiden Amerika nie betreten, sondern waren im Indischen Ozean unterwegs gewesen, so dass man meinen sollte, die lateinisch »Indus« genannte Konstellation versinnbildliche eher einen Inder oder Indonesier. Kei-

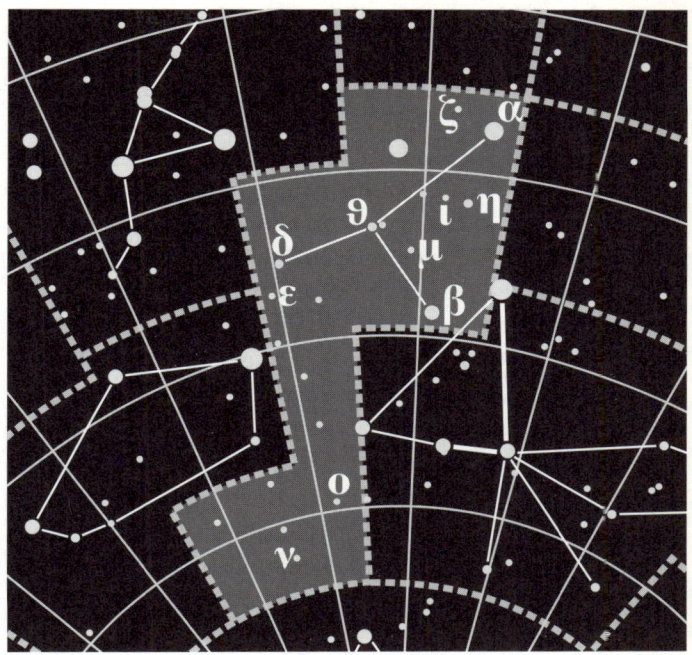

*Unter Vögeln: Den Indianer umzingeln die Sternbilder Pfau (rechts), Tukan (links unten) und Kranich (links oben).*

neswegs: Die alten Karten stellen ihn stets als amerikanischen Indianer dar, der mit einer Hand (beim Stern α Indi) eine Lanze hält und in der anderen (δ Indi) ein Bündel Pfeile. Die Spitze eines davon wird durch ε Indi gebildet, einen Stern, der in diesem astronomisch wenig aufregenden Sternbild die größte Prominenz genießt.

Denn mit knapp zwölf Lichtjahren Entfernung ist ε Indi einer der nächsten Nachbarn der Sonne. Nur wenig kühler als die Sonne, galt er früh als mögliche Heimat lebensfreundlicher Planeten. 1960 war er einer der ersten Sterne, mit denen sich die später »SETI« genannte Suche nach außerirdischer Intelligenz befasst hat. Funkende Aliens auf ε Indi konnten bald ausgeschlossen werden, was nicht verwundert, seit man weiß, dass der Stern mit einem Alter von höchstens zwei Milliarden Jahren noch so jung ist, dass eventuelle erdähnliche Planeten dort bislang allenfalls Bazillen hervorgebracht haben dürften.

Trotzdem taucht das ε-Indi-System in diversen Science-Fiction-Geschichten auf (darunter einer Folge von »Star Trek« alias »Raumschiff Enterprise«) und beflügelt die nach neuen Räumen dürstende Phantasie der Menschen wie einst die Jagdgründe der Apachen. Denn die tun sich zumindest bei der Jugend zusehends schwer, wenn der Blick in eine Grundschule nahe Frankfurt am Main irgend repräsentativ ist. Eines Faschings waren dort gleich mehrere Darth-Vader-Kostüme zu bewundern. Die Indianer dagegen sind Lehrstoff im Sachkundeunterricht.

# Jagdhunde

**H**äufig bedarf es einer gewissen Phantasie, um in dem Punktmuster eines Sternbildes das Motiv zu erkennen, das ihm den Namen gab. In vielen Fällen helfen dabei auch die Linienmuster in den Sternatlanten nur bedingt. Bei kaum einer Konstellation aber wird das bildliche Abstraktionsvermögen des Betrachters so strapaziert wie bei den Jagdhunden. Obgleich die Canes Venatici, wie sie lateinisch heißen, die zwei Hunde des benachbarten Bärenhüters sein sollen, ist in den Atlanten immer nur ein Element zu sehen: die simple, einem Hund nicht eben ähnliche Linie zwischen den Sternen α und β Canum Venaticorum.

Tatsächlich folgt das Sein auch hier dem Bewusstsein, in diesem Fall dem eines frühneuzeitlichen Übersetzers der arabischen Fassung eines Werkes des antiken Astronomen Ptolemaios. Der las an einer Stelle das Wort »Kilab« (Hunde), wo in Wahrheit »Kullab« (Haken) stand. Dieses Wort war aber seinerseits eine fälschliche Anverwandlung des arabischen Übersetzers, der das griechische Wort »Kollorobon« (Keule), das Ptolemaios eigentlich verwendet hatte, nicht kannte und kurzerhand

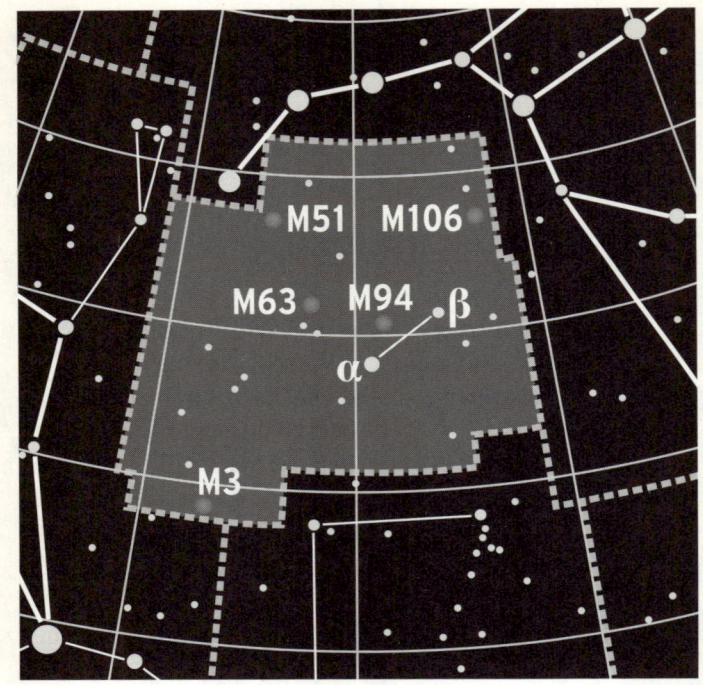

*Was man sich denkt, das sieht man.*

das am ähnlichsten klingende arabische hernahm. So wurde aus der Keule des Bärenhüters ein Paar Hunde.

Die Tiere erscheinen bereits im 16. Jahrhundert in einem Sternatlas, zu einem eigenen Sternbild wurden sie allerdings erst 1687 durch Johann Hevelius. Ein paar Jahre früher hatte α Canum Venaticorum den Namen »Cor Caroli« (Karls Herz) erhalten, um an den englischen König Charles I. zu erinnern, den die

Puritaner einst hatten anklagen und hinrichten lassen. Als mit der Thronbesteigung Charles' II. am 29. Mai 1660 die Monarchie wiederhergestellt wurde, sah der Leibarzt des Königs α Canum Venaticorum in jener Nacht besonders hell leuchten.

Tatsächlich ist Cor Caroli ein Doppelstern, bei dessen einem Partner starke Magnetfelder enorme Sternflecken erzeugen, so dass sich seine Helligkeit periodisch verändert. Während Fachastronomen das Sternbild daher als Heimat des Prototyps einer bestimmten Klasse veränderlicher Sterne geläufig ist, lieben Amateure die Jagdhunde aus einem anderen Grund. Das kleine Sternbild beherbergt nämlich gleich fünf der etwas über hundert besonders auffälligen Nebelobjekte, die in der 1771 von Charles Messier begründeten Liste verzeichnet sind. Darunter ist auch M 51, eine Spiralgalaxie, die gerade mit einer kleineren Galaxie kollidiert, was intensive Sternentstehung anregt. M 51 erscheint daher als besonders eindrucksvoll leuchtender Sternenwirbel. Warum sie auch »Whirlpool-Galaxie« heißt, bedarf dann keiner näheren Erläuterung mehr.

# Jungfrau

Im Zeichen der Jungfrau mischt sich ein erster herbstlicher Hauch in die Farben des Sommers. Eine seltsame, traurig-beglückende Stimmung geht von diesen Wochen aus, denen Heimito von Doderer in seiner »Strudlhofstiege« das vielleicht großartigste dichterische Denkmal gesetzt hat.

Es ist Erntezeit. Daran erinnern die Namen der beiden hellsten Sterne der Jungfrau: α und ε Virginis alias Spica (»Ähre«) und Vindemiatrix (»Weinleserin«), deren Aufgänge im Altertum die entsprechenden Agraraktivitäten anmahnten. Das erklärt bereits eine Antwort auf die Frage nach der mythologischen Figur hinter der sich längs der Ekliptik (graue Linie im Bild) hinstreckenden Gestalt. Danach ist es Persephone, die von Hades in die Unterwelt entführte Tochter der Agrargöttin Demeter, welche daraufhin in den Streik tritt, so dass nichts mehr wachsen kann. Bis ein göttlicher Kompromiss verfügt, Persephone solle sich im Wechsel ein halbes Jahr bei ihrem unterirdischen Gatten und ein halbes Jahr oben bei ihrer Mutter aufhalten, womit der Rhythmus der Jahreszeiten mythologisch sauber begründet wäre.

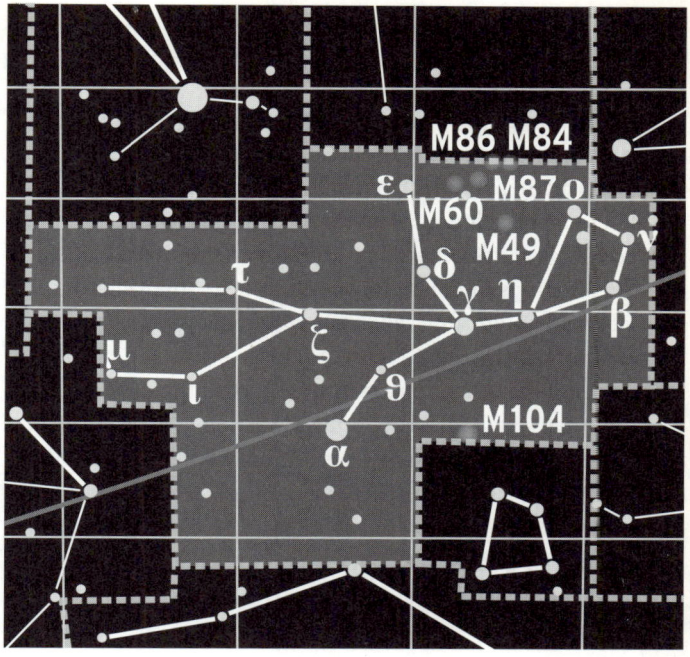

*Liegende Dame, mit einer Getreideähre in der Linken. Wer mag es sein?*

Allerdings gibt es noch andere sagenhafte junge Damen, die der antike Mensch mit dem (nach der Wasserschlange) zweitgrößten, doch schwer zu erkennenden Sternbild verband. Für einige war es Dike, die Personifizierung des Rechts, die sich nach dem Ende des bronzenen Zeitalters aus Frust vor der Schlechtigkeit der Menschen ans Firmament, gleich neben die Waage, zurückgezogen hatte. Aber auch Tyche (»Fügung«), Eos (»Morgenröte«) und manche andere mythische Maid hat man schon in der

Jungfrau gesehen, nur die Sexgöttin Aphrodite (römisch Venus) nicht – konsequenterweise und da die ja schon ihren gleichnamigen Wandelstern hat.

Als einem Tierkreiszeichen passiert es aber auch der Jungfrau, dass die Venus oder ein anderer Planet bei ihr durchzieht. Ist das nicht der Fall, bedarf es schon eines Teleskops, um dort Sehenswürdiges zu betrachten. Es sind Galaxien, viele Galaxien. Allein elf der mit vorangestelltem »M« durchnummerierten Nebel des Messier-Katalogs finden sich hier, und alle gehören sie zum Virgo-Galaxienhaufen, abgesehen von M104, der überaus photogenen »Sombrero-Galaxie«. Nordöstlich des Sterns η Virginis gibt es sogar einen mit Amateurgerät sichtbaren Quasar, ein materiemampfendes schwarzes Loch im Kern einer Galaxie. Dort tobt das schiere Grauen, doch aus zweieinhalb Milliarden Lichtjahren Entfernung sieht es aus wie ein kleines Sternchen. Mild funkelt es den Betrachter an und offenbart seine wahre Botschaft nur genaueren Blicken. Wie der sachte Gelbton im Kastanienlaub am Beginn des Spätsommers.

# Kassiopeia

**W**ann auch der Nachsommer definitiv um ist, das merken die einen an der Zeitumstellung, andere an den geschlossenen Eisdielen. Sternenfreunde aber können es an der Kassiopeia festmachen, die in unseren Breiten um diese Zeit spätabends den Zenit beherrscht. Mit ihrem charakteristischen »W« ist Kassiopeia die nach dem Großen Wagen markanteste Konstellation unseres Himmels, nur im Winter macht ihr Orion Konkurrenz. Anders als dieser ist Kassiopeia aber zirkumpolar: Sie umkreist den Himmelsnordpol, ohne unter dem Horizont zu verschwinden, steht dafür aber zuweilen auf dem Kopf. Für die antiken Sternenkundigen deutete das darauf hin, dass die Götter hier jemanden durch die Verstirnung nicht, wie üblich, geehrt, sondern peinlich bestraft haben.

Die Sache war die: Kassiepeia, wie ihr griechischer Name eigentlich lautet, war die Gattin des äthiopischen Königs Kepheus und machte sich eines erheblichen Frevels schuldig, als sie behauptete, ihre Frisur sei schöner als die der Nereïden, einer Schar Meeresnymphen. Nun war aber eine Nereïde, Amphitrite, mit dem Meeresgott Poseidon verheiratet, einem der nachtra-

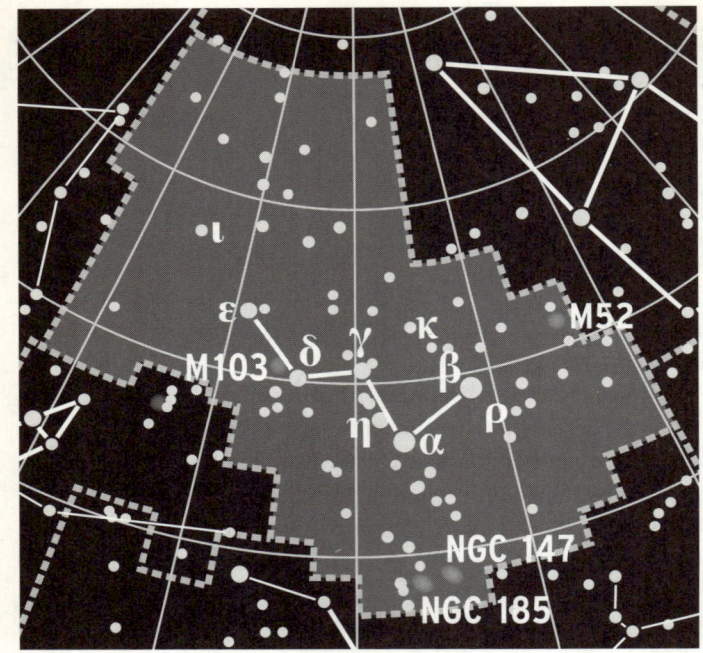

*Wie rum den nun? Wenn das »W« lesbar ist, steht die Dame auf dem Kopf.*

gendsten griechischen Götter überhaupt. Der schickte den Äthiopiern denn auch prompt ein Seeungeheuer auf den Hals, das nur durch die Opferung der Prinzessin Andromeda zu besänftigen war, was der Held Perseus dann zu verhindern wusste. Dafür bezahlte Andromedas Mutter fortan selbst für ihre Eitelkeit mit dem ewigen Looping am Himmel.

Auf den ersten Blick war das eine ausgesprochen milde Strafe, bedenkt man, in welch standesgemäß glamouröser Umgebung die Königin sie abbüßt: Mitten im Band der Milchstraße wimmelt es dort von leuchtenden Gasnebeln und glitzernden Sternhaufen, von denen zwei, M52 und M103, es sogar in den Messier-Katalog der 110 auffälligsten flächigen Himmelsobjekte geschafft haben. Mit Cassiopeia A, der etwa zwischen M52 und β Cassiopeiae gelegenen Trümmerwolke einer Supernova-Explosion, gibt es hier zudem die stärkste extrasolare Quelle von Radiostrahlung am Himmel. Und obgleich solches galaktisches Gewusel in der Regel den Blick aufs Intergalaktische verstellt, sind hier mit NGC 147 und 185 durch entsprechende Teleskope auch zwei ferne Welteninseln zu bewundern. Die beiden Zwerggalaxien sind Begleiterinnen der uns nächstgelegenen Galaxie, die jedoch im südlichen Nachbarsternbild Andromeda liegt und dort mit etwas Glück bereits mit bloßem Auge zu sehen ist, so dass Kassiepeia ihre Prominenz auf immer mit ihrer Tochter teilen muss. Das trifft sie vielleicht härter als der tägliche Kopfstand.

# Kentaur

Es ist eines der prächtigsten Sternbilder, aber wer in Mitteleuropa etwas davon sehen will, hat dazu nur kurz in der zweiten Hälfte des Mai Gelegenheit. Dafür begebe man sich an einen erhöht gelegenen Ort mit Südblick, etwa auf den Großen Feldberg bei Frankfurt. Sofern das Wetter nicht die Sicht trübt, sieht man von dort aus gegen 22.30 Uhr zwei Sterne aufgehen und bereits um Mitternacht wieder verschwinden: $\vartheta$ und $\iota$ Centauri, den Kopf des Kentauren. Im ägyptischen Alexandria steigt zur gleichen Zeit immerhin noch sein Pferderumpf in Gestalt der Sterne $\varepsilon$ und $\gamma$ über den Horizont. Mehr aber auch nicht.

Ganz anders vor 2200 Jahren, als der Alexandriner Gelehrte Eratosthenes das Fabelwesen bis hinunter zu den Hufen beobachten konnte. Er sah darin den weisen Cheiron, eine Ausnahmeerscheinung unter den ansonsten rohen und gewaltbereiten Kentauren. Ausgerechnet bei ihm aber passierte Herakles ein Unfall mit seiner Schusswaffe. Unabsichtlich verletzte er Cheiron mit einem vergifteten Pfeil. Der unsterbliche Kentaur hätte ewige Qualen erdulden müssen, doch Zeus leistete Sterbehilfe und versetzte ihn zum Ausgleich an den Himmel.

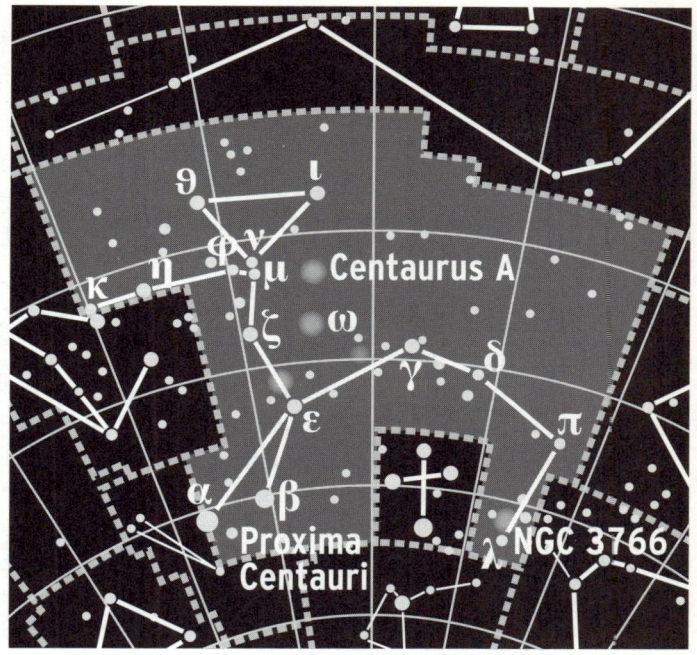

*Auf nach α Centauri! Auch wenn's ein paar Jahrhunderte dauert.*

Die Präzession der Erdachse hat den Kentauren dann aber immer weiter unter den Horizont der Europäer gedrückt. Mit versunken sind dabei etliche astronomische Sehenswürdigkeiten, ω Centauri etwa, der hellste der Kugelsternhaufen, den man lange für einen Stern gehalten hatte, heute dagegen sogar als Zwerggalaxie einstuft. Auch Centaurus A – eine überaus fotogene Galaxie und starke Radioquelle – ist von der Nordhemisphäre aus praktisch unbeobachtbar.

Die gleißenden Vorderhufe des Kentauren wurden ebenfalls unserem Blick entzogen. Nichtsdestotrotz avancierte einer von ihnen, α Centauri, zum wohl berühmtesten Stern überhaupt. Auch in Europa dürfte er inzwischen mehr Menschen ein Begriff sein als selbst Sirius oder Arktur. Was α Centauri so prominent macht, ist seine Nähe von nur 4,39 Lichtjahren und die Tatsache, dass er aus zwei unserer Sonne sehr ähnlichen Sternen besteht, die einmal in 80 Jahren einander umkreisen und theoretisch lebensfreundliche Planeten beherbergen könnten. Im weiten Orbit um diese beiden findet sich zudem die nur in Großteleskopen sichtbare rote Minisonne Proxima Centauri (»die Nächste des Kentauren«). Sie ist sogar nur 4,24 Lichtjahre von uns entfernt. Für eine wissenschaftliche Kultur, die imstande wäre, in Zeiträumen zu planen, in denen Kathedralenbauer dachten, sind diese Sterne im Prinzip mittels Raumsonden erforschbar – und sofern die Gesetze der Physik nicht noch umgeschrieben werden, nur für eine solche.

# Kepheus

**D**as ist das Haus vom Nikolaus. Wem zum Beginn der Adventszeit angesichts dieses Liniengebildes nicht jener kleine Kinder-Zeichenreim einfällt, der ist nicht in jahreszeitgemäßer Stimmung und sollte daran dringend etwas ändern, mit ein oder zwei Bechern Glühwein vielleicht. Denn diese Konstellation hätte sich auch mühelos als Haupt des heiligen Nikolaus selbst deuten lassen, wäre jenes Sternenfeld nahe dem Himmelsnordpol zu Zeiten des kinderlieben Bischofs von Myra nicht bereits an Kepheus vergeben gewesen.

Dieser, lateinisch Cepheus geschriebene, mythische König soll einst über Äthiopien geherrscht haben, worunter die alten Griechen sich verschiedene Länder irgendwo südöstlich ihrer Heimat vorstellten, in diesem Fall wahrscheinlich die Gegend des heutigen Israel. An den Himmel gelangt ist Kepheus der Überlieferung zufolge aufgrund seiner Abstammung von Zeus und der Io, aber vielleicht noch mehr in seiner Eigenschaft als Gatte der Kassiopeia, Vater der Andromeda und Schwiegervater des Perseus, die alle gleich nebenan als Sternbilder zu bewundern sind.

*Die Alten sahen bei γ das Knie, bei δ die Krone des Königs. Warum nur?*

Sankt Nikolaus blieb also ohne Sternbild, doch zeichnete der französische Astronom Pierre Charles Le Monnier 1743 im spärlich bestirnten Norden des Kepheus immerhin ein Rentier ein. Inspiriert hatte ihn dazu eine Lappland-Reise. Leider verschwand das Sternbild Rangifer (nach der lateinischen Bezeichnung für den arktischen Paarhufer) auf den späteren Himmelskarten wieder.

Astronomisch spielt die Musik allerdings weiter südlich, im Kerngebiet des Kepheus. Nahe dem Schnittpunkt der Diagonalen, die zum »Haus des Nikolaus« noch fehlen, befindet sich etwa VV Cephei, der zweitgrößte bekannte Stern in der Milchstraße. Er hat den 1900fachen Durchmesser der Sonne und würde, an ihre Stelle gesetzt, bis über die Saturnbahn reichen. Berühmter noch ist $\delta$ Cephei, denn er gab einer Klasse pulsierender Sterne den Namen, den Delta-Cepheiden. Sie sind von enormer Bedeutung, weil ihre Pulsdauer (bei $\delta$ Cephei sind es 5,4 Tage) umso länger ist, je mehr Licht sie abgeben. Durch Vergleich mit ihrer Helligkeit am Himmel kann man damit ihre Entfernung bestimmen – und die von Galaxien, die solche Sterne enthalten. Mit dieser Methode hat man unter anderem herausgefunden, dass sich das Universum ausdehnt.

Neben $\delta$ Cephei sind auch $\beta$ und $\mu$ Cephei interessante veränderliche Sterne. Letzterer wurde von William Herschel auch »Granatstern« genannt. Warum, erkennt jeder mit einem guten Feldstecher: $\mu$ Cephei leuchtet in einem wunderbaren Rot. Rentier Rudys Nase ist nichts dagegen.

## Kleine Bärin

**W**ir leben in einer besonderen Zeit. Wer zum Himmelsnordpol blickt, den Punkt, um den sich das Himmelsgewölbe in einer Nacht einmal dreht, der sieht dort einen Stern: α Ursae Minoris, den Polarstern. Er ist zwar 50 Mal größer als die Sonne,
aber 430 Lichtjahre entfernt und schafft es daher auf der Liste der
hellsten Sterne gerade mal auf Platz 47. Allerdings ist er praktisch allein. Im Umkreis von 15 Winkelgraden gibt es kaum mit
bloßem Auge wahrnehmbare Sterne. Umso privilegierter sind
wir, in deren Epoche die schwankende Erdachse fast genau auf
jenes Gestirn weist. Nur um 0,75 Grad verfehlt sie es, und in
knapp 100 Jahren wird die Missweisung mit unter einem halben
Grad ihr Minimum erreichen. Danach wird der Erdachsentau-
mel Pol und Stern wieder trennen – und das Sternbild Kleine
Bärin im Laufe der nächsten tausend Jahre ihrer größten Attraktion berauben.

Kleine Bärin? Tatsächlich, so hieß das Sternbild bei den alten
Griechen: Arktos mikrá, Femininum. Laut Eratosthenes nannten
seine Zeitgenossen um 200 v. Chr. sie allerdings meist »Phöni-
zierin« und sahen darin eine Nymphe, die nach einer Vergewal-

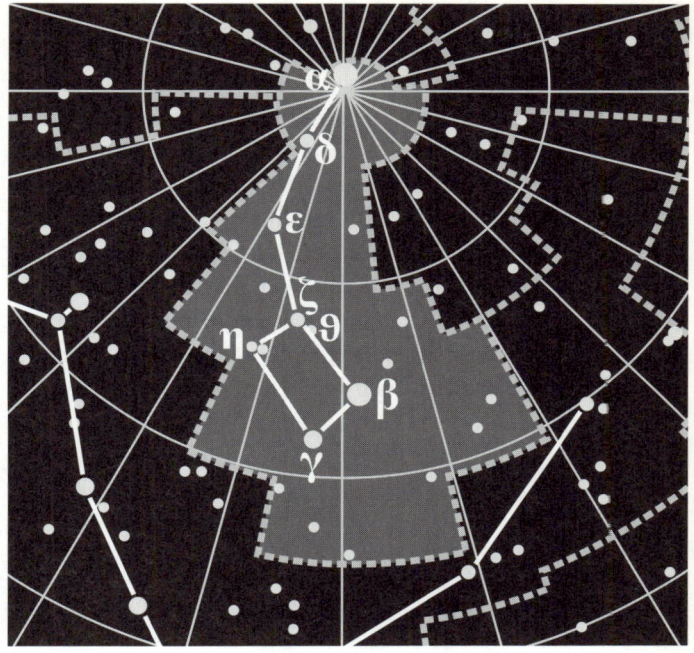

*Selig das Zeitalter, in welchem der Himmel ein Zentrum hat.*

tigung durch Zeus in eine Bärin verwandelt worden war. Ihr widerfuhr also Ähnliches wie der Kallisto, der Gestalt hinter dem Sternbild Große Bärin, deren berühmtes wagenförmiges Hinterteil der Kleinen Bärin derart ähnelt, dass diese auch »Kleiner Wagen« heißt. Mit der Kallisto-Sage ließe sich das Sternbild auch männlich interpretieren, als Kallistos Sohn Arkas, was aber bei keinem der wichtigen antiken Uranographen erwähnt ist. Diese berichten stattdessen, es könne sich bei der Konstellation auch um eine gewisse Kynosura handeln, eine der Nymphen, die Zeus versorgten, als er noch ein Kind war.

Die uneindeutige mythische Einordnung hat sicher damit zu tun, dass die Kleine Bärin zunächst kein eigenes Sternbild war. Homer etwa erwähnt sie noch nicht. Dass Thales von Milet sie etabliert habe, berichtet erst der Römer Hyginus, wobei er Thales' phönizische Abkunft erwähnt. Dieses Seefahrervolk, schreibt bereits Aratos um 250 v. Chr., habe sich früh an der Kleinen Bärin orientiert, während die Griechen die Nordrichtung noch mit der Großen Bärin bestimmten. »Denn diese taucht früh in der Nacht auf und ist leicht zu finden«, schreibt Aratos. »Die andere aber ist klein, doch besser für Seefahrer, da sich ihre Sterne kleiner im Kreise drehen.« Einen Polarstern gab es damals nämlich noch lange nicht. Ihre Ausrichtung auf die Nähe von α Ursae Minoris erreichte die Erdachse erst im Mittelalter.

# Kleiner Hund

**A**m Winterhimmel ist das Sternbild Orion für niemanden zu übersehen. Etwas weiter östlich hat es zwei Begleiter, den kleinen und den großen Hund (Canis Minor und Canis Maior) die ebenfalls mit sehr hellen Hauptsternen gesegnet sind – allerdings nur mit jeweils einem.

Beim Kleinen Hund ist das Prokyon alias α Canis Minoris. Im Altertum bestand das Sternbild nur aus diesem einen Stern. Das griechische Wort Prokyon findet sich auch als Ausdruck für ein Schoßhündchen. Doch wörtlich bedeutet es »Vorhund« und beschreibt damit den Umstand, dass jener Stern vor dem eigentlichen »Hundsstern« aufgeht, dem Sirius im Großen Hund. Dessen erstmaliges Erscheinen in der Morgendämmerung, bevor die Sonne alle Sterne überstrahlt, war eines der wichtigen jährlich wiederkehrenden Himmelsereignisse.

Zwischen Sirius und Prokyon gibt es noch mehr Bezüge. So bilden die beiden Sterne mit Beteigeuze im Orion ein etwa gleichseitiges Triangel, das Winterdreieck. Zudem handelt es sich bei beiden Objekten um Doppelsterne aus je einem normalen, wenn auch im Vergleich zu unserer Sonne heißeren Stern,

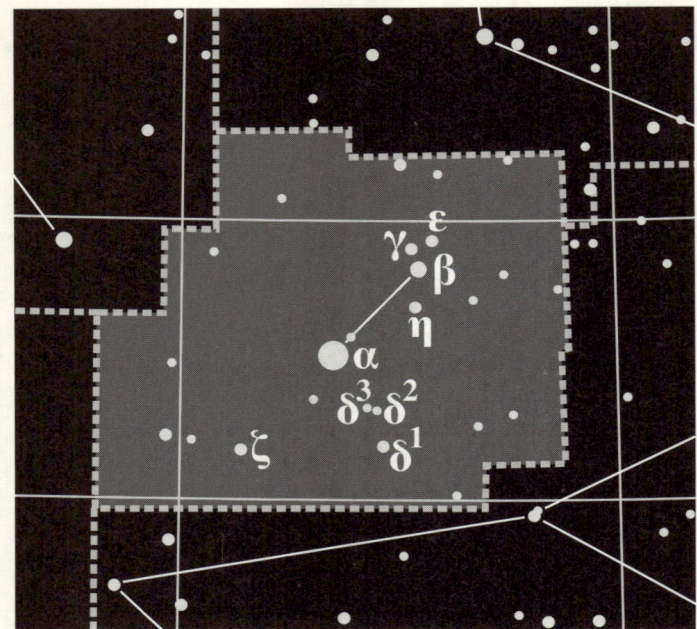

*Das Himmelshündchen war Teil einer gar traurigen Geschichte.*

sowie einem weißen Zwerg, dem langsam verglimmenden Rest eines ausgebrannten Sterns.

Mythologisch allerdings haben die beiden Hunde nichts miteinander zu tun. Nur den Großen brachte man mit dem Jäger Orion in Verbindung. Im Kleinen Hund hingegen sah man Maira, den treuen Begleiter des Ikarios. Dieser hatte einst den Gott Dionysos freundlich aufgenommen, der ihn zum Dank den Weinanbau lehrte. Als Ikarios Hirten von der kulinarischen Innovation kosten ließ, hielten sie es wegen seiner berauschenden

Wirkung für Gift und erschlugen ihn. Seine Tochter Erigone, von Maira zur Leiche ihres Vaters geführt, beging daraufhin Selbstmord. Eine Tragödie, bei der man sich fragt, warum Zeus die Beteiligten denn an den Himmel versetzte – den Ikarios im Sternbild Bärenhüter und Erigone in der Jungfrau. Geschah es zur Warnung vor dem Alkohol oder, im Gegenteil, zur Warnung vor dessen militanter Verteufelung? Wer immer sich hier angesprochen fühlt, mag der Göttervater sich gedacht haben, der ist auch gemeint.

## Kleiner Löwe

Eines der bekanntesten Sternbilder des Nordhimmels ist der Löwe. Im Winter und Frühjahr ist sein ruhender Rumpf mit dem majestätisch erhobenen Kopf wunderbar am abendlichen Firmament zu bewundern.

Aber es gibt auch noch Leo Minor, den Kleinen Löwen. Er ist ebenfalls im Frühjahr gut zu sehen, befindet er sich doch genau über seinem großen Bruder. Allerdings, astronomisch ist das dort eine rechte Wüste. Zu ihr gehören auch Kopf und Füße der Großen Bärin, die so unscheinbar sind, dass wir von der Bärin nur ihren Hintern, den Großen Wagen, kennen, sowie das sehr marginale Sternbild Luchs. Mit diesem hatte Johann Hevelius 1687 eine von den antiken Uranographen hinterlassene Lücke gefüllt. Und auch der Kleine Löwe ist Hevelius' Schöpfung. Es war ein Akt bloßer Vervollständigung, denn die Sterne dort sind so lichtschwach, dass sie erst im 19. Jahrhundert systematische Namen bekamen. Doch dabei übersah man glatt den hellsten Stern (es ist der an der linken Spitze des kleinen Trapezes), so dass es keinen Stern namens α Leonis Minoris gibt.

Der Kleine Löwe wäre damit ein heißer Kandidat für den Ti-

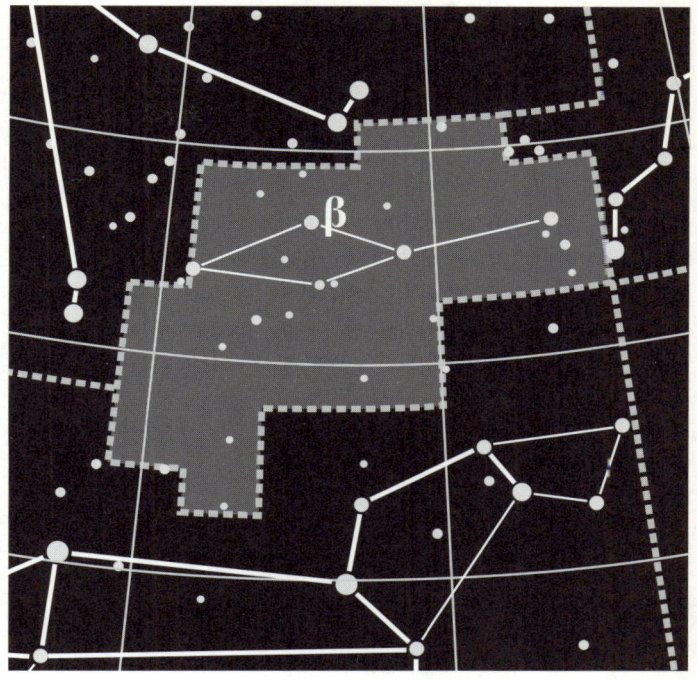

*Der Lückenbüßer mit einer kleinen grünen Überraschung.*

tel des langweiligsten Sternbildes, hätte nicht Hanny van Arkel im Jahr 2007 am westlichen Zipfel der Konstellation ein komisches grünes Objekt entdeckt. Die holländische Lehrerin nahm damals an einem Projekt namens »Galaxy Zoo« teil, bei dem Amateure via Internet – inzwischen auch über ein iPhone-App – Forschern beim Klassifizieren ferner Galaxien helfen. Van Arkel sah sich dabei eine Aufnahme der Spiralgalaxie IC 2497 an, einer scheinbar ganz und gar gewöhnlichen Galaxie, von der bis dahin auch niemand näher Notiz genommen hatte. So war es van Arkel, der jenes grüne Etwas zuerst auffiel, und seither nennen es auch Forscher nur noch »Hannys Voorwerp« (»Hannys Ding«). Denn ganz und gar erklären können sie es sich nicht. Sicher ist, dass das grüne Leuchten von Sauerstoffatomen in einer etwa 700 Millionen Lichtjahre entfernten intergalaktischen Gaswolke stammt. Einer Hypothese zufolge wurden sie dazu von Strahlung angeregt, die bei einem Ausbruch im Zentrum von IC 2497 frei wurde, der die Galaxie vor 100 000 Jahren kurzzeitig in einen sogenannten Quasar verwandelte. Hannys Voorwerp wäre damit Zeugnis eines Vorgangs, der sonst nur aus viel entfernteren Regionen von Raum und Zeit bekannt ist. Nicht schlecht für so einen Kleinen Löwen.

# Kompass

**D**ieser Kompass ist kein weiteres Teil des Schiffes Argo. Nicolas Louis de Lacaille führte das kleine Sternbild 1756 ein, bevor er 1763 die benachbarte antike Riesenkonstellation Schiff Argo in Kiel, Segel und Achterschiff zerlegte. Auch hatten die Argonauten noch keinen Kompass. Den alten Griechen war Magnetismus zwar bekannt, doch die früheste Nutzung einer schwimmenden Magnetnadel zur Bestimmung der Himmelsrichtung ist erst im 11. Jahrhundert in China bezeugt.

Offenbar unabhängig davon wurde der Kompass wenig später auch in Europa erfunden und dort im 13. Jahrhundert zum »trockenen« Kompass mit der auf einer Spitze gelagerten Nadel weiterentwickelt – eine der Vorbedingungen der interkontinentalen Entdeckungsfahrten, die dann Welt und Weltbild veränderten. »Pyxis nautica« hieß jenes Instrument im neuzeitlichen Gelehrtenlatein, und so taufte Lacaille auch jenes Sternbild. Dabei ist »pyxis« ein ursprünglich griechisches Wort, das ein kleines hölzernes oder metallenes Kästchen zur Aufbewahrung von Salben oder Medizin bezeichnet.

Immerhin ist der Kompass eines der wenigen Lacaille'schen

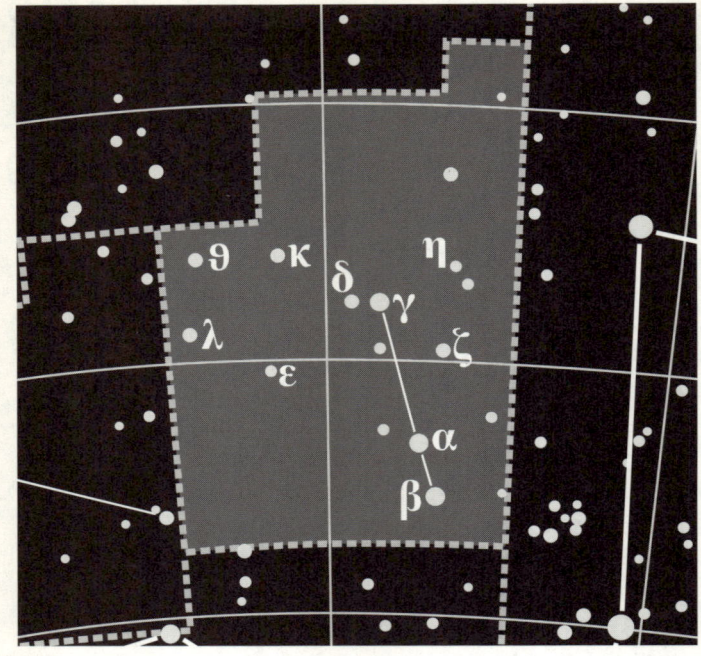

*Das nautische Kästchen gibt sich astronomisch doch recht bescheiden.*

Sternbilder, die sich über unseren Horizont erheben. Südlich des Breitengrades von Bremen ist es Anfang Februar gegen Mitternacht sogar vollständig zu beobachten. Wirklich viel zu sehen gibt es dabei freilich nicht. Zwar ist die Gegend nahe genug an der galaktischen Ebene, dass die Sterne hier noch dicht stehen und einige offene Sternhaufen studiert werden können. Aber das einzige Objekt mit einer gewissen astronomischen Prominenz ist ein mit bloßen Augen nicht sichtbares Doppelsternsystem namens T Pyxidis (etwas unterhalb von ε). Es besteht aus einem bereits erloschenen Stern, einem Weißen Zwerg, der einen noch intakten Stern so nahe umkreist, dass er diesem Gas absaugt, welches sich dann beim Auftreffen auf die Oberfläche des Weißen Zwerges immer mal wieder in thermonukleare Explosionen entzündet. In den Jahren 1890, 1902, 1920, 1944, 1966 und zuletzt 2011 ist es dazu gekommen. Vorübergehend strahlte der Stern dann 6000 Mal heller. Astronomen nennen so etwas eine (wiederkehrende) Nova.

Eine solche Oberflächen-Detonation ist nicht zu verwechseln mit einer Supernova, bei der ein Stern unter seinem eigenen Gewicht implodiert und dabei vernichtet wird. Allerdings scheint der Weiße Zwerg in T Pyxidis trotz der Massenverluste infolge durchlittener Nova-Ausbrüche vom abgesaugten Gas seines Begleiters immer schwerer zu werden. Daher rechnen die Forscher damit, dass er dereinst einmal in einer waschechten Supernova vergehen wird.

# Kranich

In einer Region des südlichen Sternenhimmels wimmelt es von Vögeln. Tukan, Pfau und Paradiesvogel geben sich dort ein Stelldichein, auch der sagenhafte Phönix ist in der Nähe. Sie alle, auch der Phönix, sind erst in der Neuzeit durch die holländischen Seefahrer Frederick de Houtman und Pieter Dirkszoon Keyser auf die Sternkarten gelangt. Die beiden hatten Ende des 16. Jahrhunderts den Indischen Ozean bereist.

Der Kranich (lateinisch Grus) geht ebenfalls auf die Niederländer zurück, obgleich die Sterne der markanten Konstellation bereits in der Antike bekannt waren, wovon die arabischen Namen Al Nair (»Der Helle«) für α und Al Dhanab für γ Gruis zeugen. Nun bedeutet Dhanab (das »Dh« klingt wie ein stimmhaftes englisches »th«) allerdings »Schwanz«, was insofern verwirrt, als man in der Nähe dieses Sternes eigentlich eher den Kopf des langhalsigen Geschöpfs vermutet hätte. Tatsächlich meinten die arabischen Astronomen aber hier den Schwanz des Südlichen Fisches, des schon im zweiten Jahrhundert dem Ptolemaios bekannten Nachbarsternbilds. Als de Houtman und Keyser jenen Vogel an den Himmel setzten, waren sie über die Ausdehnung

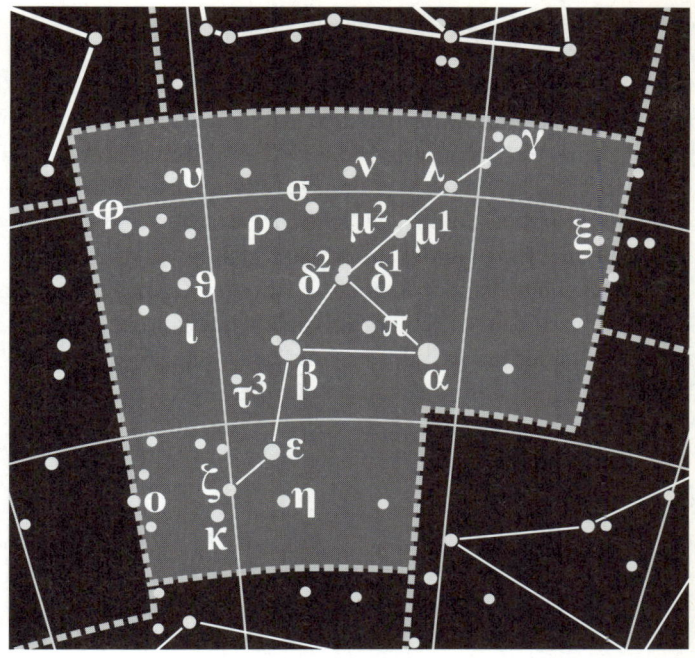

*Sieh da, sieh da, Timotheus. Was hätten die Griechen daraus gemacht!*

des antiken Südlichen Fisches offenbar nicht ganz im Bilde, was insofern verständlich ist, als in Mitteleuropa allenfalls γ Gruis sichtbar ist, und selbst das nur in sehr klaren Herbstnächten.

So markieren die Sterne des Kranichs für uns tatsächlich den Beginn exotischer Zonen, weswegen im 17. Jahrhundert zeitweilig versucht wurde, die Konstellation in »Phoenicopterus« (Flamingo) umzubenennen. Dass es beim Kranich blieb, mag gerade der Vertrautheit unseres Kulturkreises mit dem eleganten

Zugvogel geschuldet sein. Der hätte eigentlich bereits im Altertum durchaus ein prächtiges eigenes Sternbild abgegeben. Dabei hätte sich die mythographische Phantasie von dem auffallenden Farbunterschied zwischen dem bläulichen $\alpha$ und dem roten $\beta$ Gruis anregen lassen können oder von der Zweiheit der Sterne $\delta$ und $\mu$ bei denen es sich allerdings jeweils um sogenannte optische Doppelsterne handelt, das heißt, in Wahrheit sind die Partner Lichtjahre voneinander entfernt und stehen nur von der Erde aus gesehen beieinander. Schließlich war der Kranich dem flinken Hermes und dem Dichtergott Apollon heilig, wobei letzterer Umstand in der von Schiller zu einer bekannten Ballade verarbeiteten Legende vom Mord an dem Lyriker Ibykos mitschwingt. Dort verrät ein Schwarm Kraniche die Täter. Dergleichen hat man von Tukanen oder Pfauen noch nie gehört.

# Krebs

»**W**endekreis des Krebses« ist ein genialer Titel. Er ziert Henry Millers autobiographischen Roman aus den frühen 1930er Jahren, der seinen Ruhm auch den zahlreichen jugendgefährdenden Passagen darin verdankt. Allerdings, das Buch spielt in Paris und keineswegs auf dem nördlichen Wendekreise. Wie auch sein südliches Gegenstück ist das ein Breitenkreis, auf dem das Tagesgestirn zur Zeit der Sonnenwenden mittags genau im Zenit steht, so dass dort dann für kurze Zeit niemand einen seitlichen Schatten wirft.

Die Wendekreise heißen nach den Sternbildern Krebs und Steinbock, denn dort stand in der Antike die Sonne zur jeweils sommerlichen Wendezeit auf Nord- und Südhemisphäre. Beide sind damit auch Tierkreiszeichen, wobei der nördliche vielleicht nicht gerade zu jenen gehört, die man sich als darunter Geborener freiwillig ausgesucht hätte. Denn zum einen ist das Sternbild Krebs recht unscheinbar. Trotzdem kennt man es seit den Sumerern, was vor allem an dem prächtigen offenen Sternhaufen M 44 liegen dürfte. Er heißt auch »Praesepe«, das lateinische Wort für griechisch »Phatne«, zu Deutsch Futterkrippe. Diese versorgt

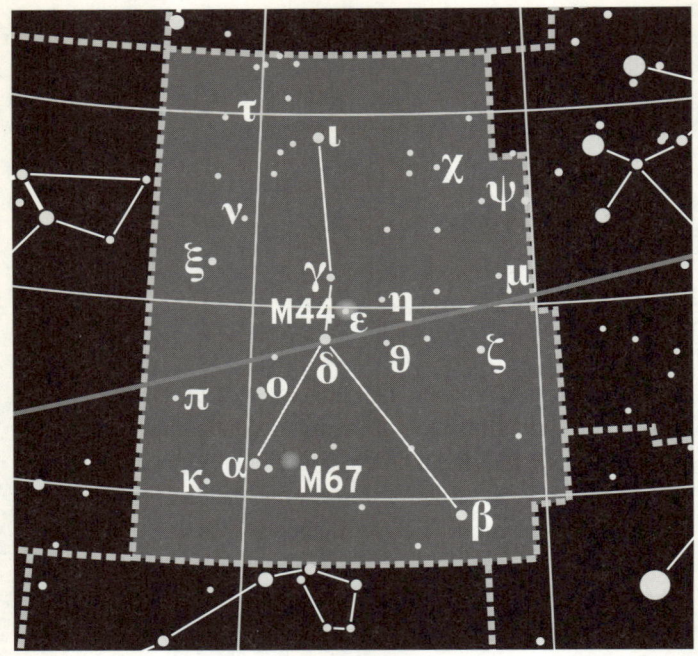

Der Stern δ Cancri liegt fast auf der Ekliptik (graue Linie) und wird daher zuweilen von Mond oder Planeten bedeckt.

das nördliche und das südliche Eselchen (Asellus borealis und australis), die man in den Sternen γ und δ Cancri erblickte. Beide Tiere verdanken ihre Verstirnung dem Verdienst, einst den Dionysos in die Schlacht der Götter gegen die Giganten getragen zu haben, wobei sie Letzteren durch ihr heiseres Iah Angst einjagten und so zum Sieg der Göttertruppe beitrugen.

Dieser Mythos schien den Griechen relevanter als die Story

mit dem eigentlichen Krebs, welcher Herakles während seines Kampfes mit der Hydra in den Fuß zwickte und daraufhin von ihm zertreten wurde. Ein Sternbild »Eselchen« hat sich trotzdem nicht gegen die uralte sumerische Tradition durchgesetzt, vielleicht zum Leidwesen der Krebsgeborenen, die nun mit jener Assoziation leben müssen, die zuerst dem antiken Arzt Galen von Pergamon beschlich als ihn die Adern eines Brusttumors an die Gliedmaßen einer Krabbe erinnerten. Seit Galen werden Tier und Krankheit daher in vielen Sprachen mit derselben Lautfolge bezeichnet. Das beeinflusste auch Henry Miller bei der Wahl seines Romantitels – neben der symbolträchtigen Fähigkeit der Krebse, seitwärts zu schreiten. »Krebs«, schrieb Miller an Anaïs Nin, »bedeutet für mich auch die Seuche der Zivilisation, das Extremum der Realisierung entlang des falschen Weges – und folglich die Notwendigkeit, zu wenden und neu anzufangen.« So erhielt sein Roman, der ursprünglich »Das letzte Buch« heißen sollte, jenen Titel – und eine Fortsetzung im »Wendekreis des Steinbocks«.

## Kreuz des Südens

»Seemann gib Acht, denn strahlt auch als Gruß des Friedens, hell in die Nacht das leuchtende Kreuz des Südens.« So besang einst Hans Albers in seinem Ohrwurm »La Paloma« das kleinste Sternbild am Firmament. Es dürfte zugleich das mit Abstand beliebteste sein – und das keineswegs nur bei fernwehgeplagten Nordhalbkugelbewohnern. In fünf Staaten ziert die Konstellation die jeweiligen Nationalflaggen: in Australien, Brasilien, Papua-Neuguinea, Samoa und Neuseeland, in Letzterem allerdings nur mit vier seiner fünf hellsten Sterne: ε Crucis fehlt im Banner der Kiwis.

Die anderen vier gehören zu den wenigen Sternen mit gut memorierbaren Eigennamen: Acrux, Becrux, Gacrux und Decrux sind einfach Kurzfassungen von α, β, γ und δ Crucis, wobei Becrux auch noch den schönen Namen Mimosa trägt. Nun liegen diese alle im sternreichen Band der Milchstraße, wo es eigentlich nirgends besonders schwer ist, vier Sterne in Gedanken zu einem, zumal etwas schiefen, Kreuz zu verbinden. Und tatsächlich gibt es mindestens ein weiteres Sternenquartett (im Grenzgebiet der Konstellationen Segel und Kiel), das Touristen oft irrtümlich für das Kreuz des Südens halten.

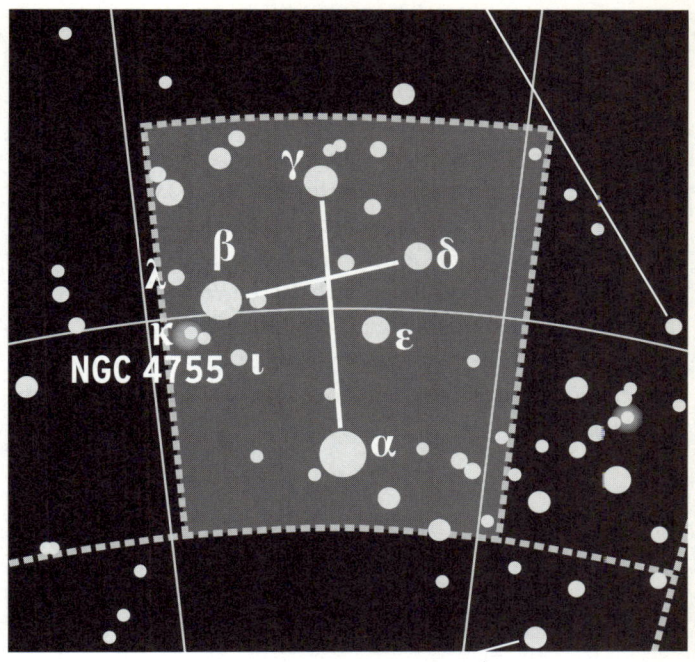

*Stat crux dum volvitur orbis (Das Kreuz steht, während die Welt sich dreht). Das Motto der Kartäusermönche stimmt astronomisch nicht ganz.*

Woher also die Popularität des Sternbildes Crux, wie sein offizieller lateinischer Name schlicht lautet? (Ein Kreuz des Nordens gibt es nicht) An dem astronomisch bemerkenswerten »Kohlensack«, einer besonders dunklen Dunkelwolke, die sich östlich der Linie von α zu β Crucis vor der Milchstraße abhebt, liegt es bestimmt nicht. Eher schon an dem nautisch hilfreichen Umstand, dass die Verlängerung von γ nach α recht genau zum

Himmelssüdpol weist. Tatsächlich aber war das Kreuz in der Antike gar kein eigenes Sternbild gewesen, sondern Teil der Konstellation Kentaur. Zu sehen war es damals allerdings sehr wohl, zumindest von Südeuropa aus. Erst um das Jahr 400 n. Chr. hatte die Präzession, die langsame Taumelbewegung der Erdachse, das Firmament dafür zu weit verschoben. Im 16. Jahrhundert bekamen Europäer diese Himmelsgegend auf ihren Entdeckungsfahrten dann wieder zu Gesicht und konnten nicht umhin, dort das Kreuz Christi zu erblicken. Sich dessen Verheißung zu versichern, das hatten die damaligen Seefahrer oft nötig genug. Denn wie sang Hans Albers weiter: »Schroff ist ein Riff, und schnell geht ein Schiff zugrunde, früh oder spät schlägt jedem von uns die Stunde.«

# Leier

In der Blütezeit des deutschen Fernsehens (es war schon bunt, aber noch nicht privatisiert) lief im ZDF die amerikanische Serie »The Invaders«, der jemand den deutschen Titel »Invasion von der Wega« gegeben hatte. So wurde auch astronomiefernen Bundesbürgern ein Stern namentlich bekannt, den sie selbst in ihren laternenhellen Häuserschluchten öfters zu sehen bekamen. Denn α Lyrae alias Wega ist zum einen der zweithellste Stern des Nordens, zum zweiten prangt er bei uns in jener Jahreszeit am Abendhimmel, in der Großstadtbalkone am ehesten betreten werden. Mitte Juli steht die Wega abends in etwa im Zenit.

Zusammen mit Deneb im Sternbild Schwan und Altair im Adler bildet die Wega das »Sommerdreieck«, das man unter Großstadtbedingungen fast für ein eigenes Sternbild halten könnte, obgleich es fünf Konstellationen umspannt: Neben Schwan und Adler sind es der Pfeil, das Füchschen und eben Lyra, die Leier. Es ist ein kleines Sternbild, den sein heller Hauptstern aber bereits in der Antike zu hohem Ansehen verhalf. Für die Griechen stellte es nichts weniger dar als das Instrument, das Hermes einst aus einem Schildkrötenpanzer baute, später Apoll über-

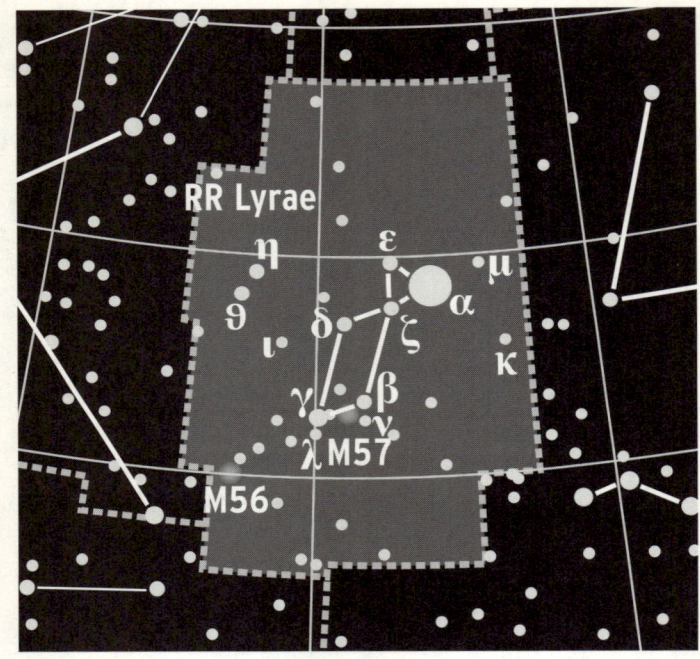

*Klein, aber oho: Diese Leier bringt bei jedem etwas zum Klingen.*

lassen musste, der es dann dem Orpheus gab. Die Araber dachten hier allerdings eher an einen fallenden (arabisch waqi'), das heißt niederstoßenden Raubvogel, und daher hat Wega ihren Namen. Immerhin heißt γ Lyrae Sulahfat, zu Deutsch »Schildkröte«. Ihr Nachbar β Lyrae besteht aus drei Sternen, die sich so eng umkreisen, dass sie sich verformen, und hat einer ganzen Klasse ähnlicher Objekte, den Beta-Lyrae-Sternen, den Namen gegeben. Für Astronomen wichtiger ist allerdings ein Sterntyp, der nach einem anderen Stern der Leier benannt wurde: RR-Lyrae-Sterne sind pulsierende Sonnen in einem sehr späten Entwicklungsstadium und zugleich hohen Alters, anhand derer sich die Entfernung alter Sternsysteme wie Kugelsternhaufen bestimmen lässt.

Neben der Wega für Gelegenheitsgucker und RR Lyrae für die Profis hat die Leier in Gestalt von M 57, dem Ringnebel, auch Amateurastronomen etwas zu bieten. Es ist der sicher bekannteste Vertreter eines Planetarischen Nebels, also der abgestoßenen Hülle eines sterbenden Sterns, die von diesem zu farbigem Leuchten angeregt wird. So gibt es allerhand Grund, die Leier zu schätzen – und keinen, sie zu fürchten. Denn selbst wenn Aliens die Menschheit unterwandern wollten, kämen sie nicht von der Wega. Erstens ist es ein Stern und kein Planet, zweitens ist er gerade mal 500 Millionen Jahre alt. Selbst wenn dieses stellare Baby also einen lebensfreundlichen Planeten besonnt, konnte sich dort noch kein Leben entwickeln.

# Löwe

**N**ur wenigen Sternbildern sieht man ohne Erläuterung an, was sie darstellen. Besonders einfach ist es beim Löwen. Im Frühjahr, wenn seine Hauptsterne für mitteleuropäische Beobachter abends südlich des Zenits leuchten, ist es fast unmöglich, sie zu etwas anderem als zu einer kauernden Raubkatze mit sphinxartig erhobenem Haupt zu verbinden.

Die hieroglyphische Anmutung passt gut zu der besonderen Bedeutung, die dieses vielen altorientalischen Kulturen vertraute Sternbild in Ägypten hatte. »Der Nil erreicht seinen höchsten Wasserstand, wenn die Sonne den Löwen passiert«, schreibt etwa Plinius der Ältere. Die Griechen brauchten nicht lange zu suchen, um in ihrem Sagenschatz die passende Geschichte zu dem Tier zu finden. Für sie war es der nemeische Löwe, dessen Fell mit keiner Waffe zu durchbohren war, weswegen Herakles ihn nur manuell erwürgen, sich dafür aber aus der Haut einen Panzer mit höchstem Tragekomfort und integriertem Löwenkopf-Helm anfertigen konnte.

Bei so viel kulturellem Glamour ist es fast ein wenig ungerecht, dass Leo auch etliche astronomische Sehenswürdigkei-

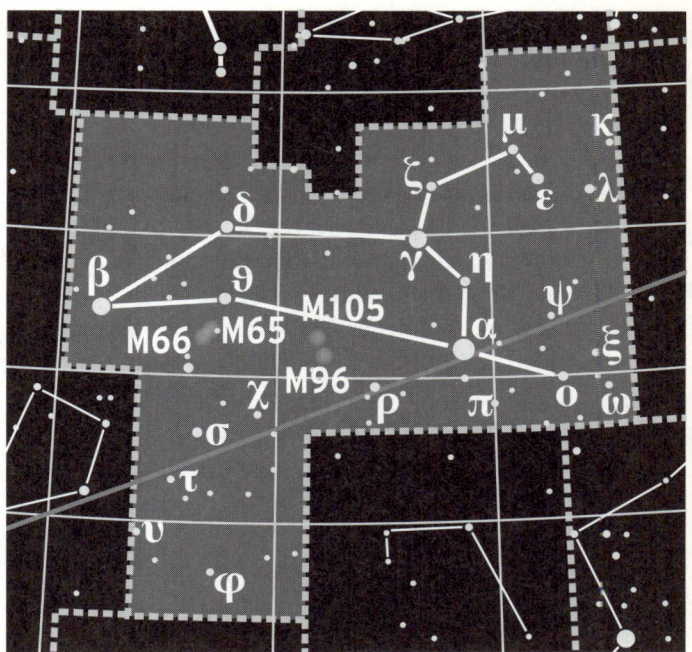

*Der Wächter der Sonnenbahn (dicke Linie von links unten nach rechts oben).*

ten vorweisen kann. Mehrere Nebel des Messier-Katalogs finden sich hier, und es sind alles keine Sternhaufen, sondern richtige Galaxien. M 65 und M 66 bilden mit einer weiteren, nur in größeren Teleskopen sichtbaren Spiralgalaxie ein gravitativ aufeinander einwirkendes Trio, das sogenannte Leo-Triplett. Es ist nicht zu verwechseln mit den Zwerggalaxien Leo I und Leo II, die unsere Milchstraße umkreisen. Letztere liegt bei δ Leonis, erstere knapp über dem Hauptstern α Leonis alias Regulus.

Der ist in einer Hinsicht ein recht extremer Stern, rotiert er doch so schnell, dass er aufgrund der Zentrifugalkräfte weniger einer Kugel als einem Smartie ähnelt. So hell, wie seine Einbettung in ein berühmtes Sternbild es uns glauben macht, ist Regulus indes nicht. Auf der Hitliste der hellsten Sterne am Himmel belegt er gerade mal Platz 22. Ganz anders RC +10 216 alias CW Leonis. Das nahe $\psi$ Leonis gelegene Objekt ist ein sogenannter Kohlenstoffstern, eine fast ausgebrannte Sonne, deren kühle Gashülle mehr Kohlenstoff enthält als Sauerstoff, so dass sich dort anstatt des sonst üblichen Kohlenmonoxids eine interessante Vielfalt an Molekülen bildet. Sichtbares Licht gibt dieser rußige Stern nicht viel ab, wären unsere Augen aber für Infrarotstrahlung empfindlich, erschiene uns CW Leonis als hellster Fixstern am ganzen Himmel. Allerdings sähen wir dann von Regulus & Co. nicht mehr viel. Der Löwe sähe dann nicht nur anders aus. Es gäbe ihn gar nicht.

# Luchs

**A**ugen wie ein Luchs, die muss Johannes Hevelius (1611 bis 1687) wahrlich gehabt haben, war er doch der letzte Astronom, der Sterne noch mit bloßem Auge beobachtete. Nicht, dass Hevelius kein Teleskop gehabt hätte. Ganz im Gegenteil, er war einer der versiertesten Fernrohrbauer seiner Zeit und errichtete 1647 sogar ein Instrument, das mit seinen 43 Metern Länge an die Abmessungen heutiger Riesenteleskope heranreichte. Doch damit beobachtete Hevelius vorzugsweise den Mond. Sternpositionen, glaubte er, würden durch Verzerrung in den Teleskoplinsen verfälscht.

Es war eine Schrulle des damals prominenten Astronomen, der allerdings nur in seiner Freizeit forschte. Im Hauptberuf leitete er seine Brauerei und diente seiner Heimatstadt Danzig als Ratsherr. Immerhin waren seine Augen gut genug, um über Europa noch sieben Felder mit Sternen auszumachen, die weder die alten Griechen noch seine neuzeitlichen Fachkollegen bis dato Konstellationen zugeordnet hatten. Hevelius schuf dort neue Sternbilder, darunter auch den Luchs. Und natürlich waren das durchweg alles Regionen, in denen es nicht gerade vor hellen Sternen wimmelt.

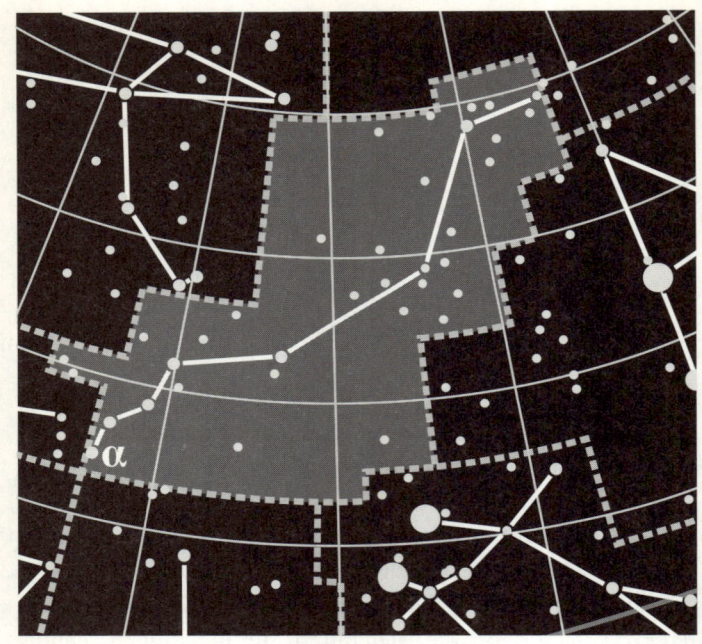

*Wo nichts ist, ist nichts. Da helfen auch scharfe Augen wenig.*

So wenig los wie im Luchs ist es allerdings kaum irgendwo. Gerade mal ein Stern, α Lyncis, wurde für hell genug befunden, um eines griechischen Buchstabens würdig zu sein. Alle anderen tragen zum Ausweis ihrer Mickerigkeit lediglich Nummern. Und auch die moderne Astronomie hat dort wenig mehr gefunden als eine Spiralgalaxie an der Grenze zum südlichen Nachbarsternbild Krebs sowie den Kugelsternhaufen NGC 2419, der unsere Heimatgalaxie in solch großer Entfernung umkreist, dass man ihn lange für ein intergalaktisches Objekt gehalten hat.

So waren es vielleicht die besonderen Anforderungen, die dieses Sternbild an seinen Sehsinn stellte, die Johann Hevelius zu dem Namen inspirierten. Allerdings könnte er dabei nicht nur an eine Raubkatzengattung gedacht haben, sondern auch an die Sagengestalt, der diese sowohl ihren Namen als auch den volkstümlichen Ruf verdankt, besonders scharfsichtig zu sein: Denn Lynkeus, Sohn des Aphareus, verfügte über Augen, die sogar durch Stein und Erde sehen konnten. Er und sein Bruder Idas starben im Streit mit einem anderen, berühmteren Zwillingspaar, ihren Vettern Kastor und Polydeukes. Deren Sternbild – die Zwillinge – hat seit der Antike seinen Platz gleich nebenan (im Bild unten rechts). Hevelius dürfte die Sage bekannt gewesen sein, aber selbst wenn er sie hätte berücksichtigen wollen: Für Lynkeus' Bruder Idas wären einfach nicht genügend Sterne da gewesen.

# Luftpumpe

Nein, dies ist kein Scherz. Ein Sternbild Luftpumpe gibt es tatsächlich. Selbst Astronomen dürfte seine Existenz kaum geläufig sein, es sei denn, sie befassen sich zufällig mit Zwerggalaxien. Eine solche ist der Antlia-Zwerg, ein erst 1997 entdeckter Mini-Nebel, der in ebendieser Ecke unseres intergalaktischen Hinterhofs liegt.

Dabei ist die Luftpumpe kein Sternbild ganz exotischer Breiten. Sie steht am Südhimmel, aber nicht sehr tief: nördlich der Konstellation Segel des bereits in der Antike bekannten Sternbildkomplexes Schiff Argo. Aber erst Mitte des 18. Jahrhunderts wurde sie von Louis Nicolas de Lacaille eingeführt, jenem französischen Astronomen, der vor allem dadurch in Erinnerung blieb, dass er für das unbewaffnete Auge weitgehend leere Himmelsregionen am Südhimmel zu Sternbildern erklärte und ihnen Namen aus Nautik und Naturwissenschaft gab.

Der Nautik entstammt auch der offizielle Name des Sternbildes: Antlia. Das war zunächst das griechische Wort für den Frachtraum eines Schiffes, der immer mal wieder von eingedrungenem Wasser zu befreien war. Im Lateinischen bezeich-

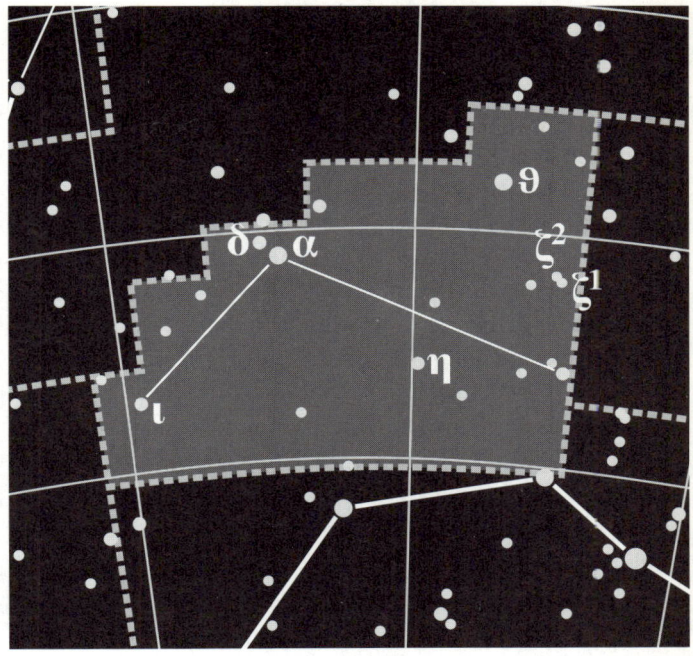

*Das soll wohl ein Scherz sein! Wo bitte ist denn hier eine Luftpumpe?*

nete Antlia dann ein Gerät zur Beförderung von Wasser, allerdings keine Pumpe im heutigen Sinne, sondern eine von einem Tretwerk angetriebene Eimerkette. Aber Lacaille nannte sein Sternbild »Antlia pneumatica« – der Zusatz fiel bei späteren Sternbildreformen weg – und meinte damit tatsächlich eine Luftpumpe.

Als deren Vater gilt der Magdeburger Otto von Guericke (1602 bis 1686), der sie um 1650 ersann und damit seine berühmten öffentlichen Versuche mit dem luftleer gepumpten Halbkugelpaar veranstaltete. Trotzdem erwähnen französische Quellen gerne, Lacaille habe hier seinen Landsmann Denis Papin (1647 bis 1712) ehren wollen, der aber lediglich an der Verbesserung des Gerätes beteiligt war.

Dennoch sei Papin die kleine konstellare Ehrung gegönnt, hatte der gelernte Arzt, praktizierende Experimentalphysiker und Erfinder doch einiges Pech im Leben. Seine Erfindung eines Überdruckventils für Dampfkessel war zwar wegweisend, sein Druckzylinder bereits so etwas wie eine rudimentäre Dampfmaschine. Der Ruhm dafür fiel später allerdings Papins Zeitgenossen Thomas Newcomen und James Watt zu.

Denis Papin starb nicht nur ungewürdigt, sondern auch arm. Sein letztes bekanntes Schriftstück datiert vom 23. Januar 1712. Obwohl niemand Genaueres darüber weiß, was danach aus ihm wurde, spricht einiges dafür, dass er noch im gleichen Jahr in London gestorben ist.

# Maler

Unter den Sternbildern des Nordens kommt man aus dem Erzählen kaum heraus, angesichts des mythologischen Personals, das sich dort tummelt, und der Tiere dazwischen, hinter denen sich oft ebenfalls Sagengestalten verbergen. Der Südhimmel ist dagegen eine poetische Einöde mit stellenweise rumpelkammerhaften Zügen. Gleich zwölf Konstellationen sind dort nach wissenschaftlichen und nautischen Gerätschaften benannt! Schuld daran ist vor allem der französische Astronom (und studierte Theologe) Nicolas Louis de Lacaille, der Mitte des 18. Jahrhunderts damit Fortschritt und Aufklärung zu verherrlichen gedachte.

Bei zweien dieser Sternbilder gedachte Lacaille bei der Benennung wenigstens der Kunst, allerdings auch hier mit einer Tendenz zum Dinglich-Instrumentellen. So heißt das eine der beiden bei ihm noch »Equuleus pictoris« für »Staffelei des Malers«, wobei Lacaille vielleicht nicht wusste, dass das lateinische »Equuleus« (wörtlich »Pferdchen«) als Begriff für ein schräges Holzgestell bei den alten Römern ein Folterinstrument bezeichnete.

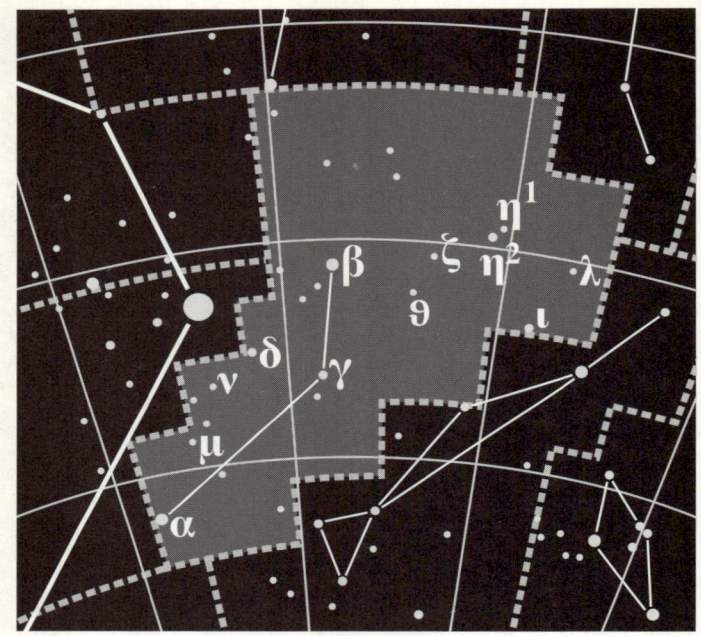

*Ein Sinn für abstrakte Bilder ist bei so mancher Konstellation recht nützlich.*

Ob es die greuliche Doppelbedeutung war, derentwegen Johann Elert Bode die Staffelei in seiner »Uranographia« von 1801 als »Pluteum pictoris« führte, ist fraglich. Die Verwechslungsgefahr mit dem Sternbild Füllen (lateinisch Equuleus) könnte es auch gewesen sein. Doch heute ist das einerlei, denn spätestens seit 1922 heißt das kleine Sternbild, das in unseren Breiten nie zu sehen ist, einfach nur Pictor, also Maler.

Diese, zusammen mit dem Bildhauer und der ungleich be-

kannteren Leier am Nordhimmel insgesamt also dritte konstellare Reverenz an die schönen Künste wäre heute vielleicht sogar manchem Astronomen kein Begriff, gäbe es da nicht ihren
zweithellsten Stern β Pictoris. Bis zum Jahr 1983 war das ein
Feld-Wald-und-Wiesen-Stern von sechsfacher Sonnenmasse.
Doch dann entdeckte ein Infrarot-Weltraumteleskop, dass er
von einer gewaltigen Staubscheibe umgeben ist, ähnlich der, die
auch die Sonne in ihrer Jugend umgeben haben muss, so dass
sich daraus die Erde und ihre Planetengeschwister bilden konnten – nur 25-mal größer. Offenbar wird um β Pictoris gerade ein
Planetensystem geboren. Allerdings ist der Vorgang bereits vorangeschritten, denn im Inneren der Scheibe wurde inzwischen
ein fertiger Planet von mindestens achtfacher Jupitermasse ge-
sichtet. Infrarotaufnahmen dieses Systems zählen zu den ganz
wenigen realen Bildern, die es von einer extrasolaren Planeten-
welt gibt – und sind der Sphäre des Ästhetischen, die seine Konstellation ehrt, zweifellos würdig.

# Mikroskop

Sie alle sind keine Berühmtheiten, die mehr als ein Dutzend Sternbilder, mit denen der Abbé de Lacaille in den frühen 1750er Jahren die noch verbliebenen Lücken am südlichen Sternenhimmel füllte. Mit seiner Idee, sie zur Feier von Fortschritt und Aufklärung nach Instrumenten aus Wissenschaft und Seefahrt zu benennen, konnte der französische Geistliche und Astronom daher gegen die gefühlte Übermacht des Mythischen am Firmament nie viel ausrichten. Doch warum widmete er ausgerechnet der bedeutendsten Erfindung zwischen Fernrohr und Radiosender die so ziemlich mickerigste Konstellation?

Ohne Mikroskope wäre die Biologie kaum je über das Stadium des Käfersammelns und Staubgefäßzählens hinausgekommen. Als der Delfter Tuchhändler und Freizeit-Optiker Antoni van Leeuwenhoek am 9. Oktober 1676 davon berichtete, mit einem seiner selbstgebauten Mikroskope in Regenwasser und Speichel winzige, mit bloßem Auge unsichtbare »Tierchen« gesehen zu haben – es waren vermutlich höhere Einzeller –, stieß er damit die Tür zu einem neuen Universum auf, ähnlich wie 67 Jahre zuvor Galilei, als der sein Teleskop zum Himmel richtete.

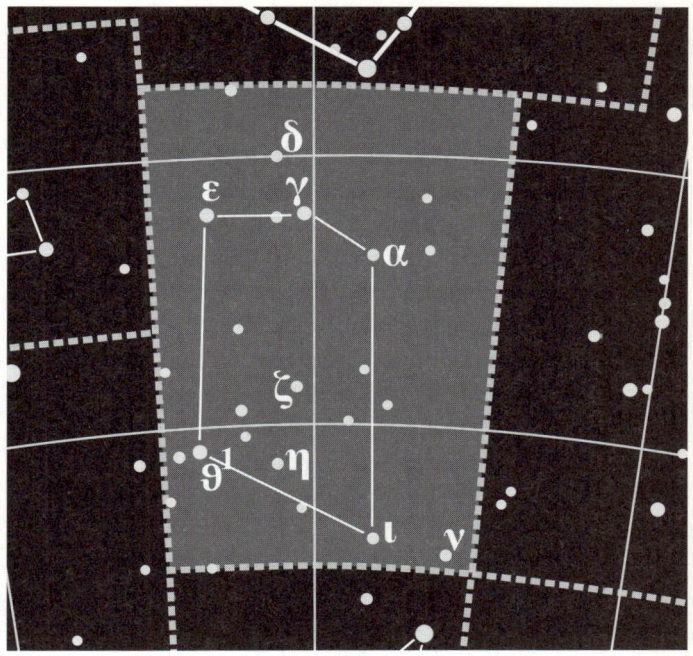

*Selbst diese Sterne sind nur unter optimalen Bedingungen sichtbar.*

Eine solche Entwicklung nur mit der Lücke zwischen den Sternbildern Schütze und Kranich zu bedenken, ist schon etwas schäbig, zumal sich die wenigen und alles andere als hellen Sterne dort nur mit viel Phantasie zu einem optischen Tubus ordnen lassen. Das Teleskop kam dem Mikroskop bislang auch nicht zu Hilfe: Vergrößern hat nicht geholfen; extragalaktisch ist diese Gegend sogar noch langweiliger als unter dem Gesichtspunkt der Objekte, die zu unserer Milchstraße gehören.

Denn von denen sind hier wenigstens zwei auffällig geworden: Der junge Stern AU Microscopii, bei dem 2003 eine Staubscheibe nachgewiesen wurde, in der sich vermutlich gerade ein Planetensystem bildet, sowie der ebenfalls noch sehr junge BO Microscopii, da dieser Stern extrem schnell rotiert. Während unsere Sonne an ihrem Äquator für eine Umdrehung knapp 26 Tage braucht, schafft der nur etwas kleinere BO Microscopii das in gerade mal neun Stunden. Ähnlich einem Dynamo erzeugt »Speedy Mic«, wie ihn die Astronomen daher nennen, ein sehr starkes Magnetfeld. Zugleich finden auf seiner Oberfläche Eruptionen statt, die hundertmal heftiger sind als die auf der Sonne und, anders als bei dieser, nicht von Sternflecken ausgehen. Man muss eben zuweilen nur genau hinsehen, dann zeigt sich auch im zunächst Unscheinbaren Überraschendes. Und so gesehen passt das Sternbild damit vielleicht doch nicht so schlecht zu der Erfindung, die ihm den Namen gab.

# Netz

Sollte man dem Internet nicht ein Sternbild widmen? Was für Teleskop und Mikroskop recht war, sollte für die vielleicht folgenreichste technische Entwicklung unseres Zeitalters doch nur billig sein. Schon sucht man für Netz der Netze ein Geburtsjahr, dessen runde Wiederkehr sich begehen ließe. Im Jahr 2011 etwa wurde 1969 vorgeschlagen, denn da hätte es dann den rundesten Jahrestag zu feiern gegeben, der sich in einer Generation denken lässt, in deren Regalen statt Hermann Hesse Douglas Adams steht: 42, was nach Adams die Antwort auf die Frage »nach dem Leben, dem Universum und dem ganzen Rest« ist. Tatsächlich wurde am 29. Oktober 1969 die erste Nachricht zwischen zwei über das Vorläufersystem Arpanet verbundenen Rechnern von Los Angeles zur Stanford University nahe San Francisco übertragen.

Der Idee, dies mit einer offiziellen Verstirnung des Internets zu feiern, stand leider entgegen, dass der Himmel da schon voll war. Aber vielleicht ließe sich ja einmal eine bereits existierende Konstellation umwidmen, die der französische Astronom und Geistliche Abbé Nicolas Louis de Lacaille bereits Mitte

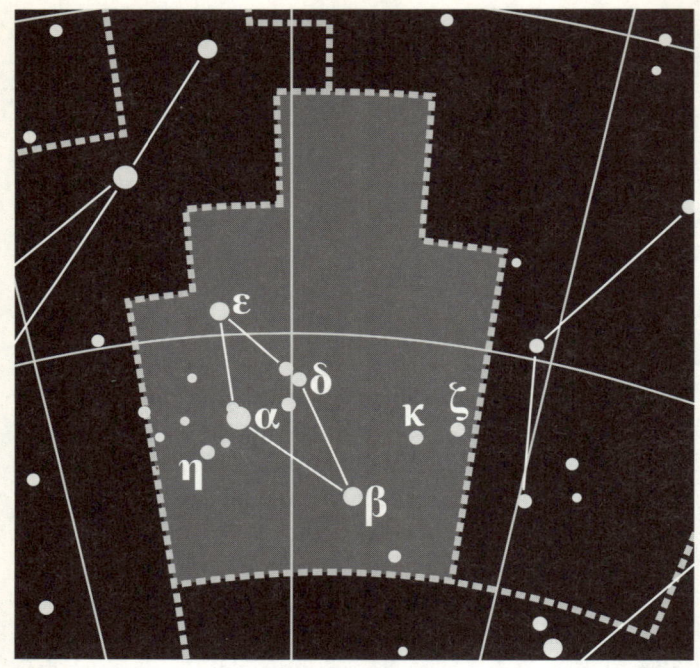

*»Internet« wäre auch ganz nett.*

des 18. Jahrhunderts als Netz deutete. Es ist kein sehr bekanntes Sternbild, und es kann auch nicht mit besonderen astronomischen Sehenswürdigkeiten aufwarten, doch ist es für Bewohner der Südhalbkugel leicht zu finden, weil es einerseits in der Nähe der großen Magellanschen Wolke liegt und andererseits genau in der Mitte zwischen den beiden sehr hellen Sternen α Eridani und α Carinae alias Canopus. Auch wäre es nicht die erste Umdeutung: Das Sternbild hieß mehr als hundert Jahre lang »Rhombus«, und mit dem »Netz« meinte der Abbé keineswegs ein Fischernetz, sondern ein in die Optik eines Fernrohrokulars eingraviertes Liniengitter, das präzisere Messungen erlaubte. Diese Interpretation des Motivs versteht heute niemand mehr, warum sie also nicht durch eine andere ersetzen?

Allerdings stellt sich bei einer Übertragung auf das Internet die Frage, ob dann nicht der offizielle lateinische Name zu ändern wäre. Der lautet seit Lacaille »Reticulum«, wörtlich Netzchen, und die Verkleinerungsform scheint dem neuen Signifikat nun wirklich nicht ganz angemessen. Man könnte zu der neulateinischen Wortschöpfung »interrete« übergehen und die Namen der Sterne ändern: Aus α Reticuli beispielsweise würde Alpha Interretis – und alle Erwähnungen in der Literatur wären zu korrigieren.

Wem das zu aufwendig ist, der mag dafür plädieren, auch das Latein zu lassen, wie es ist, und das Ganze durch einen seiner Teile bezeichnet zu sehen. Unter einem Reticulum verstanden die Römer auch ein Tragenetz, wie man es lange Zeit zum Einkaufen benutzte.

# Nördliche Krone

Viele kennen die schöne Geschichte von Ariadne, der Tochter des kretischen Königs Minos, und dem attischen Helden Theseus. Der war nach Kreta gekommen, um den Minotauros zu töten, das Produkt einer Affäre zwischen Minos' Gattin und einem Stier. Eingesperrt in ein Labyrinth musste das arme Wesen Knaben und Mädchen fressen, die Minos von den Athenern als Tribut forderte. Theseus machte dem ein Ende, überlebte die Sache aber nur, weil Ariadne sich in ihn verliebt und ihm daher ein Wollknäuel geschenkt hatte. Das wickelte er bei der Expedition ins Labyrinth ab, so dass er nach vollbrachter Heldentat wieder hinausfand und mit Ariadne – die immerhin ihren Vater für Theseus hintergangen hatte – nach Athen zurücksegeln konnte.

Dann doch weniger bekannt ist, dass Theseus Ariadne mitnichten ehelichte, sondern sie vielmehr schmählich auf der Insel Naxos aussetzte. Doch für die Prinzessin ging die Sache trotzdem gut aus. Denn zufällig kam ein Gott vorbei, und dann auch noch Dionysos: einer der beiden griechischsten aller Griechengötter (der andere ist bekanntlich Apollon). Der sympathische Partygott nahm Ariadne nicht nur zur Frau, sondern schenkte ihr

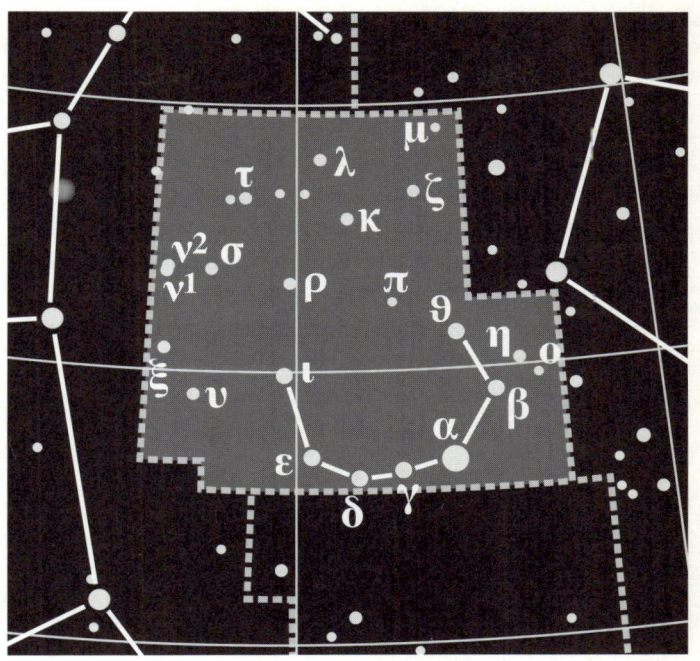

*Da kann sich nun doch wirklich jeder irgendetwas darunter vorstellen.*

auch noch eine edelsteinbesetzte Krone. Nach ihrem Tod wurde die Glückliche in den Olymp geholt und die Krone kam an den Himmel, den nördlichen, wäre zu ergänzen, denn südlich des Tierkreises fanden die Griechen später auch noch eine zweite kranzförmige Sternengruppe.

Mit der überaus auffälligen Nördlichen Krone (Corona borealis) kann der Süden aber nicht konkurrieren. Hell prangt der Hauptstern α Coronae borealis, den die Römer natürlich Gemma

(»Edelstein«) nannten. Ihre Prägnanz verdankt die Konstellation allerdings nicht nur ihrem Glanz, sondern auch ihren vergleichsweise matten, aber ausgedehnten Nachbarn Herkules und Bärenhüter. Die sind auch deswegen so schlecht zu sehen, weil die Krone ständig den Blick auf sich zieht – und offenbar nicht nur den abendländischer Sternengucker. Über kaum eine andere Konstellation (vom Großen Wagen einmal abgesehen) finden sich in der Literatur so viele Hinweise darüber, was andere Völker dem Vernehmen nach hier hineingesehen haben: die Araber die Schüssel eines Bettlers, die Chinesen einen Geldsack, die Kelten eine Burg, die Cheyenne einen Kreis von Wigwams, brasilianische Ureinwohner ein Gürteltier und australische Aborigines, ja was wohl? Genau, einen Bumerang.

# Oktant

**S**ind dem ehrwürdigen Herrn am Ende die Ideen ausgegangen? Nicolas Louis de Lacaille, der sich nach Theologiestudium und Weihe zum Diakon der Astronomie zugewandt hatte, führte in den 1750er Jahren 14 neue Sternbilder am Südhimmel ein und benannte sie nach wissenschaftlichen oder nautischen Utensilien. Doch warum musste denn ausgerechnet ein Oktant darunter sein?

Nun war das seinerzeit das übliche Instrument für die Messung von Winkelabständen zur Positionsbestimmung und Vorläufer des ab dem späteren 18. Jahrhundert gebräuchlichen nautischen Sextanten. Der Name Oktant rührt daher, dass seine Winkelskala einen Achtelkreis umfasste, die sich mittels Spiegeln auf 90° verdoppeln ließ. Beim Sextanten war es ein Sechstelkreis, der bis zu 120° auszumessen erlaubte. Nun wusste Lacaille aber, dass es am Nordhimmel bereits ein Sternbild Sextant gab. Johann Hevelius hatte es sechzig Jahre zuvor eingeführt, wollte damit allerdings keinen nautischen, sondern einen astronomischen Sextanten verstirnt wissen. Trotzdem, irgendwie ist da doch ein Winkelmesser zu viel am Himmel.

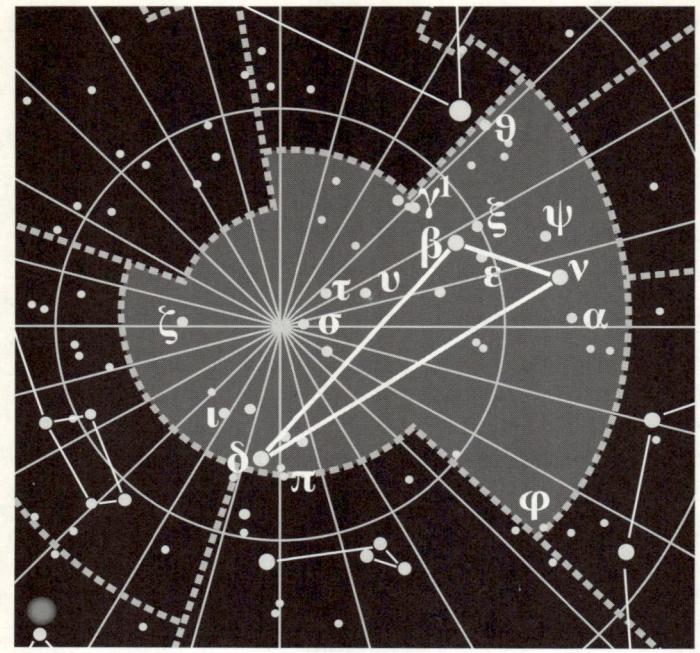

*Schmuckloser Pol: Der Himmel des äußersten Südens ist kein Hingucker.*

Die mögliche Verwechslungsgefahr ist dabei das eine. Das andere ist der dadurch entstehende Eindruck, der Oktant sei ein ähnlich bedeutungsloses Sternbild wie der Sextant. Astronomisch ist er das durchaus. Seine Sterne sind allesamt kaum zu sehen, am hellsten ist noch ν Octantis, was zeigt, dass man sich noch nicht einmal die Mühe gemacht hat, sie nach ihrer Helligkeit in der Reihenfolge des griechischen Alphabets zu benennen, in dem ν (sprich »Nü«) etwa dort steht, wo sich im lateinischen

das N befindet. In anderer Hinsicht ist das Sternbild Oktant jedoch höchst bedeutsam, wie das auf unserem Bild eingezeich-
nete Netz der Himmelskoordinaten zeigt: Hier liegt der Himmelssüdpol, der Punkt auf den die nach Süden verlängerte Erdachse zeigt und um den sich das Himmelsgewölbe über der
Südhemisphäre dreht. Anders als bei seinem nördlichen Gegenstück gibt es hier aber genauso wenig einen hellen Stern
wie im Rest der Konstellation. Am nächsten ist dem südlichen
Himmelspol noch σ Octantis, der deswegen auch Polaris australis genannt wird. Allerdings ist er mehr als 25-mal lichtschwä-
cher als der Polarstern des Nordens und entsprechend ungeeig-
net zur Bestimmung der Himmelsrichtung mit freiem Auge;
die Südrichtung am Himmel findet man besser mit dem Kreuz
des Südens. Dennoch haben es sich die Brasilianer nicht nehmen lassen, σ Octantis in der Sternkarte einzuzeichnen, die ihre
Nationalflagge schmückt. So ein Pol ist eben ein Pol und damit
immer von gewisser symbolischer Würde. Insofern hätte sich
Ehrwürden Lacaille hier wirklich etwas Originelleres ausdenken
können.

## Orion

»**K**ein anderes Sternbild gibt die Gestalt eines Menschen genauer wieder«, schrieb der römische Feldherr Germanicus in
seiner lateinischen Nachdichtung einer griechischen Himmelskunde. Es ist der Winter, in dem der Orion prächtig an unserem
Abendhimmel steht. Rumpf und Beine sind dann auch für unge-
übte Sterngucker leicht zu erkennen: an der Schulter die rote Glut
des sterbenden Riesensterns Beteigeuze alias α Orionis, am Fuß
der noch hellere blaue Riese Rigel (β Orionis), dazu die Gürtelsterne δ, ε und ζ Orionis samt dem Schwertgehänge mit dem
Orion-Nebel M42, der bereits mit einem Feldstecher zu sehen ist.

Der 1350 Lichtjahre entfernte Nebel ist der von jungen Sternen zum Leuchten angeregte Teil einer sehr viel größeren Ma-
teriewolke, vor deren Hintergrund die Hauptsterne des Orion
noch besser zur Geltung kommen. Das lässt uns das Sternbild so
klar und groß vorkommen, obwohl es 25 Konstellationen gibt,
die flächenmäßig größer sind. Die Sterne an der Peripherie des
Orion sind schon mühsamer zuzuordnen: Sie bilden die mit der
linken Hand erhobene Waffe sowie den Bogen – nach anderer
Überlieferung ist es ein Löwenfell – in der Rechten. Mit beidem

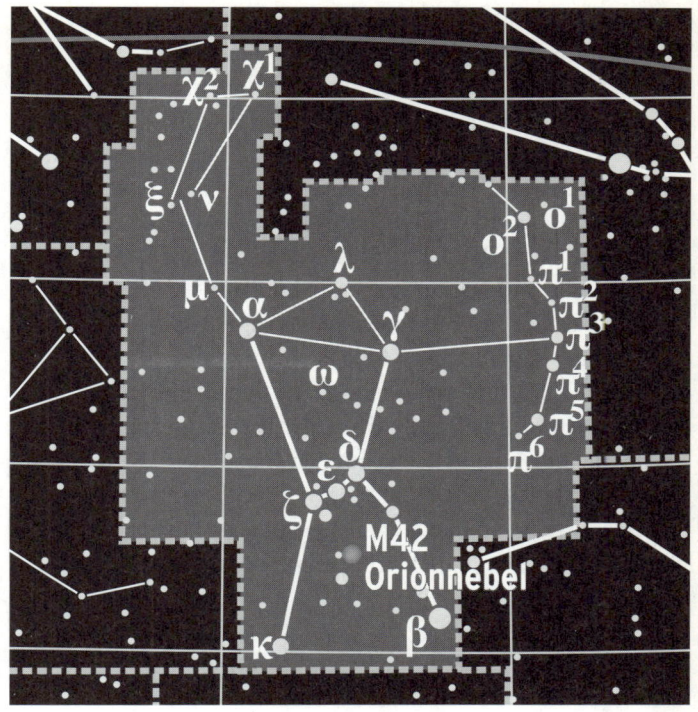

*Mensch, Achtung, da naht der Stier. Rechts oben sieht man seine Hörner.*

scheint die Gestalt das von Westen anstürmende Sternbild Stier abzuwehren. Das wirft die Frage auf, wen man sich unter dieser wehrhaften Figur ursprünglich vorstellte.

Gewiss, die Griechen hielten ihn für Orion. Unter seinem Namen ist die Konstellation bereits bei Homer und Hesiod erwähnt: Orion, der starke Jäger, der sich an einer Prinzessin verging, der zur Strafe geblendet, aber von der Morgensonne wieder geheilt wurde, bevor er den Pfeilen der Artemis erlag. Und dies aus je nach Überlieferung verschiedenen, aber sagentypischen Gründen: Rache, Eifersucht oder Strafe für einen Frevel.

Aber wo ist bei dieser Geschichte der Stier? Es gibt zwei Theorien darüber, wer der stellare Torero wirklich ist. Entweder es ist Herakles im Kampf mit dem kretischen Stier. Herakles hat zwar ein eigenes Sternbild, doch das ist, gemessen an der mythischen Prominenz seines Namensgebers, auffallend mickrig. Alternativ könnte es sich um den sumerischen Superhelden Gilgamesch handeln, des sagenhaften Königs von Uruk, der zu zwei Drittel Gott, zu einem Drittel Mensch war. Der bekam es nämlich explizit mit einem Himmelsstier zu tun, den die Göttin Ishtar ihm aus Rache für verschmähte Liebe auf den Hals hetzte. Nun mag im Orion jeder sehen, wen er mag. Doch wäre Gilgamesch von Uruk dieser Konstellation mit der genauen Menschengestalt vielleicht würdiger als die obskure Märchenfigur der Griechen.

# Paradiesvogel

**A**uf den ersten Blick ist nicht recht nachzuvollziehen, was die beiden Seefahrer da unterhalb des Sternbilds Südliches Dreieck ins Firmament hineingedeutet haben. Pieter Dirkszoon Keyser und Frederick de Houtman kartierten am Ende des 16. Jahrhunderts jene Himmelsgegend rings um den Südpol, die in Europa nie zu sehen ist. Ein Dutzend Sternbilder benannten sie dabei, darunter auch den Paradiesvogel.

Sehr wahrscheinlich stand hier tatsächlich ein exotischer Vogel Pate. Die beiden Holländer könnten ihm oder wenigstens seinen Federn im südostasiatischen Archipel begegnet sein. Vielleicht sogar auf Neuguinea: Dort, auf den Molukken und im tropischen Norden Australiens gibt es tatsächlich die Familie der Paradiesvögel (Paradisaeidae), deren Männchen ihre Damenwelt mit wunderbar bunt glänzendem Gefieder und mit geradezu absurd langen Schwanzfedern zu beeindrucken versuchen. Die Linie zwischen dem orangeroten Stern $\alpha$ Apodis und dem visuellen Doppelstern $\delta$ Apodis darf man sich getrost als stilisierte Form solch eines Federschwanzes vorstellen.

»Apodis« ist der Genitiv von Apus, dem lateinischen Na-

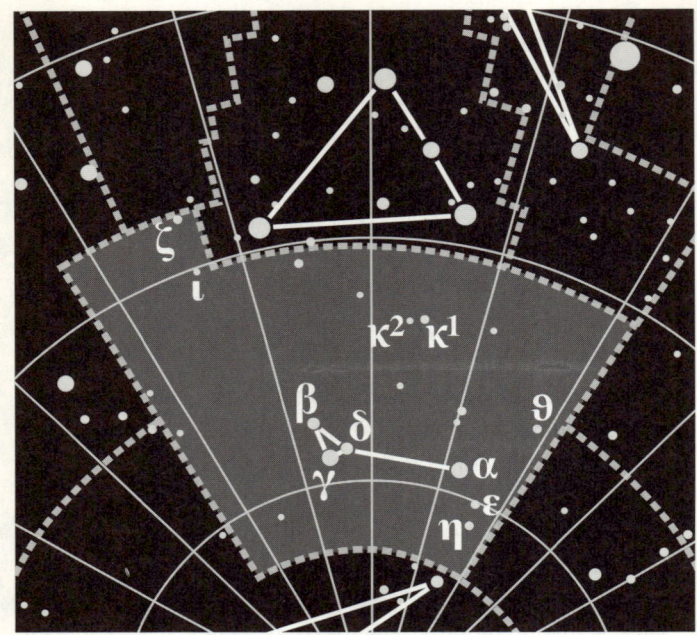

*Etwas mickerig sieht er aus, im Gegensatz zum ornithologischen Vorbild.*

men, der sich für das Sternbild gegen das zunächst ebenfalls gebräuchliche Avis Indica (indischer Vogel) durchgesetzt hat. Das ist verwirrend, denn mit der gleichnamigen Gattung unserer Mauersegler (Apus apus) und ihrer Ordnung, den Apodiformes, haben die Paradiesvögel zoologisch in etwa so viel zu tun wie Orang-Utans mit Eichhörnchen. Allerdings hat man zu Zeiten von Keyser und de Houtman von den Paradiesvögeln – wie einst von den Seglern – gedacht, sie hätten keine Füße (grie-

chisch: pódes), weswegen Carl von Linné die größte Art Paradi-
saea apoda nannte.

Europäer kannten die Tiere lange Zeit nur in Form von zweck-
mäßig präparierten Federbüschen. Die filigranen Stücke waren
für luxuriöse Damenhüte gefragt, ihrem Handelswert verdankt
übrigens der Evolutionsbiologe Ernst Mayr (1904 bis 2005) den
Auftakt zu seiner großen Karriere. Der britische Bankier Lionel
Walter Rothschild finanzierte 1928 eine Expedition nach Neuguinea, um neue Paradiesvogel-Arten zu finden, auf deren Existenz man aus Farbmustern geschlossen hatte, die zuweilen im
Handel auftauchten. Mayr fuhr mit, und dank seiner Daten erkannte man, dass die vermeintlichen neuen Spezies tatsächlich
Hybride waren, also Tiere, die aus Kreuzungen verschiedener Arten oder Unterarten hervorgegangen sind. Dieses kleine Stück
Wissenschaftsgeschichte mag als Ersatz für die Sage dienen, die
dem Sternbild Paradiesvogel aufgrund seiner neuzeitlichen Herkunft fehlt.

# Pegasus

Spätsommer und Herbst, das ist die Zeit des Pegasus. Im Oktober ist er abends bei uns am besten zu sehen. Was ungeübten Beobachtern dabei allenfalls zu schaffen macht, das ist die enorme Ausdehnung dieses siebtgrößten Sternbildes am Himmel. Am einfachsten ist der Pegasus so zu finden: Vom Heck des Großen Wagens gelangt man zunächst durch dessen fünffache Verlängerung zum Polarstern und geht dann noch einmal so viel darüber hinaus. Nun sind es in gleicher Richtung noch etwa 30 Winkelgrad bis zu β Pagasi, auch Scheat genannt, dem zweithellsten Stern jenes weit ausladenden Vierecks, in dem die Alten den vorderen Rumpf eines Pferdes zu erkennen glaubten.

Auf den Sternkarten steht das Tier allerdings oft auf dem Kopf: »Scheat« kommt vom arabischen »saq« für »Bein«. In der Nähe steht 51 Pegasi, ein Stern, so unscheinbar, dass er bei der Benennung in der Reihenfolge der Helligkeit keinen griechischen Buchstaben mehr abbekommen hat, sondern nur noch eine Nummer. Doch war dieser 51 Pegasi am 5. Oktober 1995 Gegenstand einer astronomischen Sensation, als dort die Entdeckung des ersten Planeten um einen fremden Stern verkün-

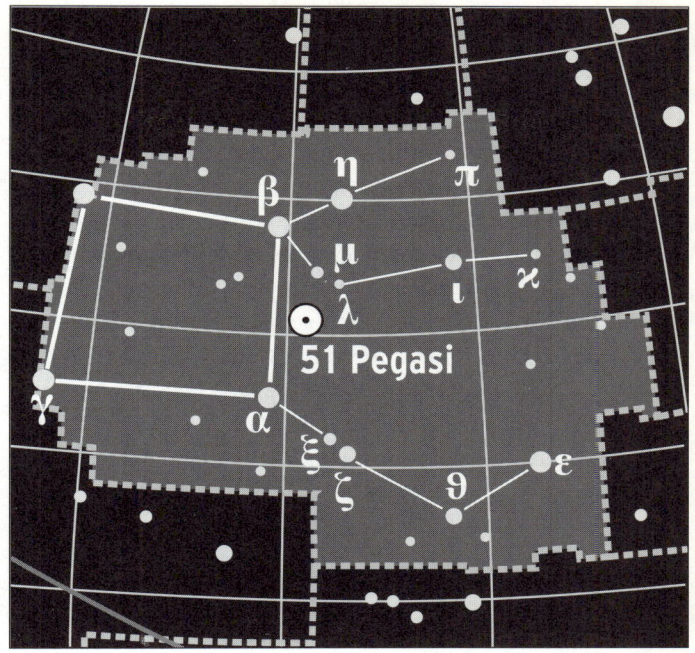

*Dichterpferd, kopfüber.*

det wurde. Es war zwar nur ein Gasplanet, mindestens halb so groß wie der Jupiter in unserem Sonnensystem, und zudem noch auf einem ungemütlich engen Orbit um seinen Mutterstern – doch mit ihm begann in der Astronomie eine neue Epoche.

Der Hauptstern α Pegasi heißt Markab, eine Verballhornung von Mankib al-Faras, »Schulter der Stute«, und ε Pegasi ist Enif, die »Nase«, ein sterbender Stern, der eventuell einmal als Supernova endet. Das würde dem Pferd den Kopf kosten.

Im Altertum gab es einen Gelehrtenstreit darüber, ob es sich bei dem Tier wirklich um das geflügelte Ross handeln könne, das dem Haupt der Gorgo Medusa entsprang, als Perseus es ihr abschlug, und das – allerdings erst in der Neuzeit – zum Maskottchen der Dichter wurde, weil es der Sage nach auf dem Musenberg Helikon in Böotien mit den Hufen eine Quelle schlug. So monierte der in uranographischen Dingen sehr pedantische Eratosthenes von Kyrene, dem Pferd am Himmel fehlten die Flügel. Tatsächlich dürfte der Name von γ Pegasi, Algenib, in der Tat eher von arabisch »dschanib« (»Seite«) als »dschanah« (»Flügel«) kommen. Der vierte Stern des Vierecks gehört seit 1922 nicht mehr zum Pegasus, sondern zum Nachbarsternbild Andromeda. Damals wurden die Sternbilder definiert als 88 Areale, in die unser Himmel seither eingeteilt ist.

# Pendeluhr

Das Sternbild Pendeluhr gehört nicht gerade zur Prominenz am Firmament. Das hat auch damit zu tun, dass es sich nördlich des 50. Breitengrades (etwa der Höhe von Frankfurt am Main) zu keinem Zeitpunkt des Jahres über den Horizont erhebt. Die Pendeluhr – lateinisch Horologium – steht am Südhimmel.

Doch befindet sie sich nicht so weit südlich, dass der um das Jahr 140 in Alexandria tätige Grieche Klaudios Ptolemaios sie nicht hätte beobachten können. Ptolemaios' Werk »Mathematike Syntaxis«, besser bekannt unter seinem späteren arabischen Titel »Almagest«, enthält einen Katalog aller 48 Sternbilder der Antike, von denen etliche schon um 2000 v. Chr. den Sumerern bekannt gewesen sein dürften. Die Pendeluhr gibt es dagegen erst seit 1752, als Abbé Nicolas Louis de Lacaille in Kapstadt den Südhimmel durchmusterte und dabei 14 neue Sternbilder benannte, vorzugsweise nach wissenschaftlichen Instrumenten. Südöstlich der klassischen Konstellation Eridanus entdeckte der französische Astronom etwas, das ihn an den Zeitmesser erinnerte, den sein Fachkollege Christiaan Huygens 1673 in einer Abhandlung namens »Horologium Oscillitorium« beschrieben hatte.

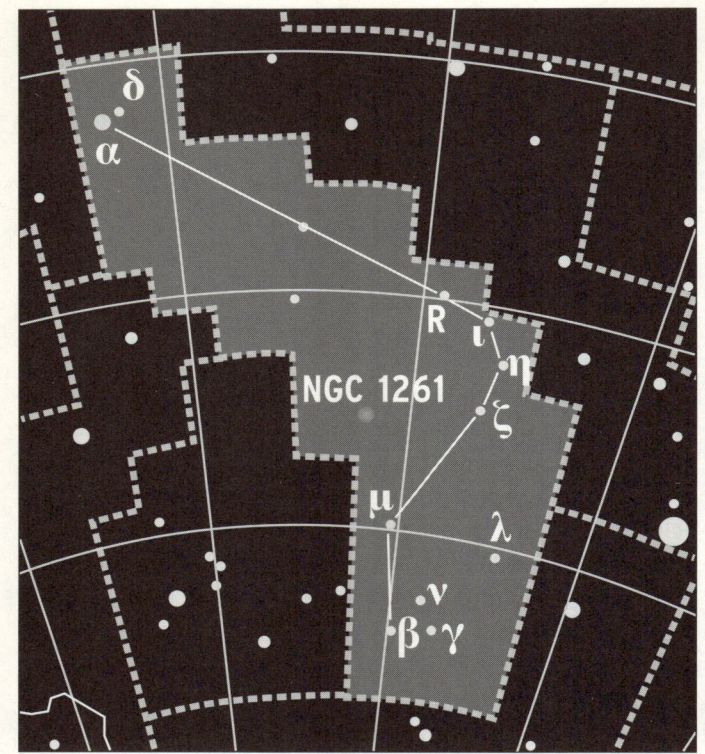

*Etwas Phantasie muss man schon mitbringen – vor allem am Südhimmel.*

Dass die Alten neben dem Eridanus nichts Benennenswertes sahen, liegt natürlich an dem Mangel prägnanter Sterne dort. In einer modernen Großstadt ist günstigstenfalls α Horologii sichtbar, ein etwa 150 Lichtjahre entfernter orangenfarbener Riesenstern. Doch schaut man nur genau genug hin, findet sich auch in der Pendeluhr Interessantes, etwa NGC 1261, ein bereits 1826 entdeckter schöner Kugelsternhaufen. Selbst einen, wenn auch recht speziellen, Rekord gibt es hier: Der Stern R Horologii ändert seine Helligkeit in einem Zyklus von 407 Tagen um fast zehn Größenordnungen. Er ist damit einer der extremsten Fälle eines veränderlichen Sterns vom sogenannten Mira-Typ, der seine Hülle periodisch aufbläht und dabei abkühlt.

In die Schlagzeilen kam die Pendeluhr bislang nur einmal: Im Sommer 1999 entdeckten der deutsche Astronom Martin Kürster und seine Mitarbeiter, dass um den sonnenähnlichen Stern ι Horologii ein Planet kreist, und zwar in ähnlicher Entfernung wie die Erde um die Sonne. Leider ist es ein Gasriese von mindestens doppelter Jupitermasse und hat, wie es aussieht, keine großen, eventuell bewohnbaren Monde. Jedenfalls noch nicht: Der Stern ist so jung, dass sich sein Planetensystem vielleicht gerade erst ausbildet.

# Perseus

Ein Heldenleben ist in der Regel kurz, und selbst wenn es sich hinzieht, endet es auch in der griechischen Sagenwelt meist gewaltsam. Achill, Odysseus, Theseus, ja selbst Herakles ereilte irgendwann der jähe Untergang.

Eine Ausnahme ist Perseus. Wie Herakles war auch er ein Produkt der übersteigerten Libido des Obergottes Zeus. Doch irgendwie bekam Göttergattin Hera es diesmal nicht mit, daher hat Perseus sie nicht zur Feindin, und in der Folge gelingt ihm so ziemlich alles: Er findet die Gorgo Medusa, deren Anblick jeden versteinert, und schlägt ihr trickreich den Kopf ab. Einem bösen Potentaten, der seiner Mutter nachstellt, macht Perseus ebenso ein Ende wie dem Meeresungeheuer Ketos, dem die schöne Königstochter Andromeda geopfert werden soll. Das Einzige, was in seinem Leben schiefläuft, ist ein Sportunfall, bei dem er seinem Großvater aus Versehen einen Diskus an den Kopf wirft und ihn dadurch tötet. Doch erstens erfüllt er damit nur einen Orakelspruch, zweitens wird es ihm nicht weiter übelgenommen. Stattdessen gründet er die Stadt Mykene, genießt mit Andromeda ein langes glückliches Leben und hat mit ihr viele Kinder.

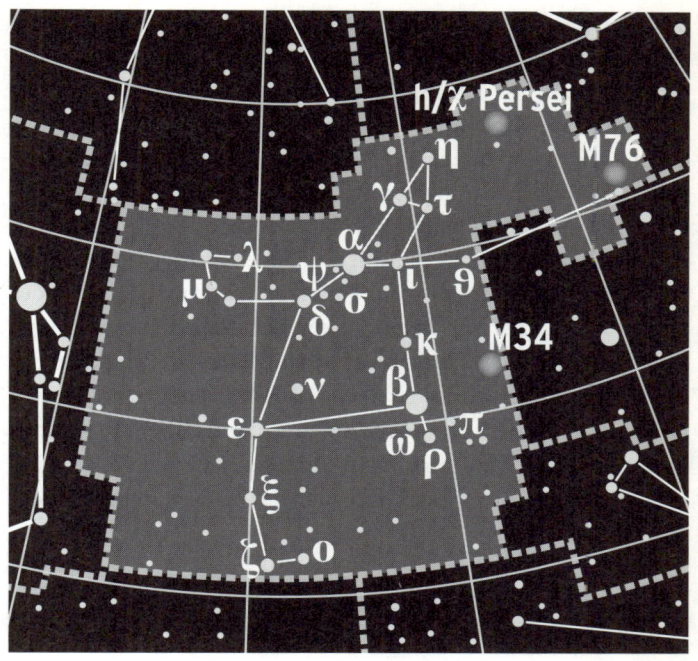

*Der Glückspilz hat mit M34 und M76 auch noch zwei schöne Nebel.*

Dass der Protagonist dieses hollywoodesken Plots auch noch als Sternbild verewigt ist, mag manchem als der Gipfel des affirmativen Kitsches erscheinen. Noch dazu ist es eine recht stattliche Konstellation, auch wenn von der in unserem Bild gezeigten Gestalt unter mitteleuropäischen Sichtbedingungen selten mehr als eine gebogene Gabel mit dem Stern α Persei als Verzweigung sowie ζ und β als Gabelspitzen übrig bleibt. Von ihnen ist β Persei, genannt Algol, der unter Astronomen mit Abstand prominenteste Stern. Eigentlich sind es drei Sterne, von denen sich zwei so nahe umkreisen, dass der eine, kühlere, den anderen, heißeren, alle 2,8 Tage bedeckt. Die daraus sich ergebende periodische Helligkeitsschwankung Algols war im 17. Jahrhundert die erste, die bei einem Fixstern festgestellt wurde. Heute ist eine ganze Klasse solcher bedeckungsveränderlicher, die Algolsterne, nach ihm benannt. Der Name kommt übrigens vom arabischen »r'as al ghul« – Kopf des Ungeheuers, womit das abgeschlagene Haupt der Medusa gemeint ist, das der Held in der Linken hält. In der Rechten schwingt er in vielen Darstellungen sein diamantenes Schwert, dessen Spitze das Sternhaufenpaar h / χ Persei bildet. Dieses ist in einem Feldstecher oder kleinem Fernrohr besonders eindrucksvoll und stand daher am jugendlichen Beginn schon so mancher Astronomenkarriere, der vielleicht zweitschönsten Laufbahn nach der eines Märchenhelden.

# Pfau

Der Sternenhimmel ist ein Zoo, ein Märchenbuch und eine nautische Rumpelkammer – aber er ist kein Garten. Sieht man einmal von der »Karlseiche« ab, die einst Sir Edmond Halley vergeblich vorschlug, um seinen König, Charles II. von England, hochleben zu lassen, gibt es keine Konstellation mit pflanzlichem Hintergrund. Die einzige halbwegs florale Erscheinung am Firmament ist der Pfau.

Das Sternbild ist nicht eben klein und hat mit dem Kugelsternhaufen NGC 6752 durchaus auch amateurastronomisch etwas zu bieten. Allerdings steht es für uns weit im Süden – allenfalls am untersten Zipfel Indiens steigt es vollständig über den Horizont. Der Pfau ist daher auch keine klassische Konstellation, sondern geht auf holländische Seefahrer des 16. Jahrhunderts zurück. Das Motiv ist aber durchaus antik. Bereits im Altertum zierten imposant befiederte Männchen des blauen Pfaus (Pavo cristatus), einer von zwei Arten dieser Gattung aus der Ordnung der Hühnervögel, die Gärten der Reichen und Mächtigen. Auch unter den Luxusgütern, die sich König Salomo nach Auskunft des Alten Testaments übers Meer kommen ließ, waren Pfauen.

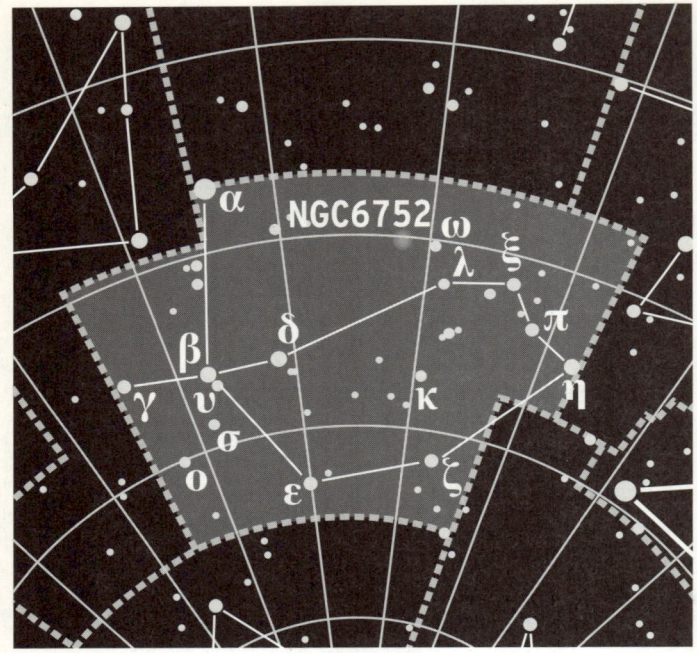

*Ein heller Kopf bei α, der Rest ist das prächtige Federfächer-Rad.*

Doch hielt man sich die standorttreuen Vögel nicht nur der optischen Lustbarkeit wegen. »Für deinen Gaumen wird der Pfau im Käfig gemästet«, heißt es etwa in Petrons »Gastmal des Trimalchio«, einer genial geschmacklosen Gesellschaftssatire aus der Zeit Kaiser Neros.

Die griechisch-römische Kultur lernte das ursprünglich in Indien beheimatete Tier aber wahrscheinlich erst nach den Feldzügen Alexanders des Großen kennen. Damit dürfte auch die bei Ovid erzählte Geschichte über die Herkunft der »Augen« im Federkleid des Pfaus eine jüngere Ausschmückung des griechischen Mythos sein: Demnach handelte es sich bei ihnen um die hundert Augen des Riesen Argus, den Juno (die griechische Hera) mit der Bewachung der jungen Io betraute, nachdem sie diese mit ihrem Mann Jupiter (Zeus) ertappt hatte. Der aber schickte nun den Götterboten Merkur (Hermes), der Argos erschlug, woraufhin Juno die Argus-Augen »auf die Federn ihres Vogels verteilte und seinen Schwanz mit schimmernden Gemmen füllte«, wie Ovid schreibt. Der heilige Vogel der Juno aber war bei den Römern bis dahin die Gans gewesen, aus der auf diese Weise ein Pfau wurde.

Auch hier kam es also zu einer Verstirnung aus göttlicher Gunst und Dankbarkeit, nur eben nicht am Himmel, sondern bei einem Geschöpf, das morgens und abends Wiesen, tagsüber Schatten sowie die Nähe von Wasser mag – und damit unsere Gärten.

# Pfeil

Sagitta, Pfeil, heißt dieses kleine Sternbild – und nie hat irgendein Volk, dem die Sterngruppe auffiel, hier etwas anderes gesehen. Da liegt die Vermutung nahe, sie müsste mythographisch mit der Konstellation Schütze (lateinisch Sagittarius) zusammenhängen. Und tatsächlich weist die Pfeilspitze in Gestalt des Sternes η Sagittae weg vom Schützen und ungefähr zum Sternbild Schwan. Wie der Schütze prangt auch der Pfeil im Band der Milchstraße. Sein Hauptstern α Sagittae heißt auch Sham (ausgesprochen »Sáhem«), dem arabischen Wort für Pfeil.

Doch in Wahrheit sahen die alten Griechen, die beide Sternbilder bereits kannten, hier überhaupt keinen Bezug. Und zwar ganz ausdrücklich nicht: »Weiter oben, schau, da ist ein anderer Pfeil abgeschossen, alleine, ohne Bogen«, dichtet Aratos von Soloi um 250 v. Chr. in seinen »Phainomena«. Unmittelbar vor diesen anderthalb Hexametern besingt Aratos das Sternbild Schütze und sieht dessen Bogen auf den benachbarten Skorpion gerichtet. Was es mit dem einsamen Pfeil stattdessen auf sich habe, darüber spekulierte erst Eratosthenes ein halbes Jahrhundert später. Es sei der Pfeil, mit dem einst Apollon aus Wut über

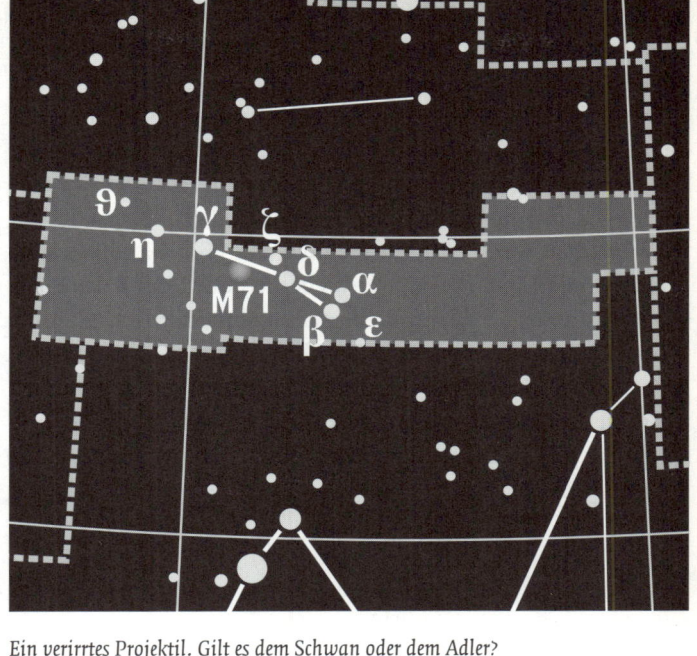

*Ein verirrtes Projektil. Gilt es dem Schwan oder dem Adler?*

die Ermordung seines Sohnes Asklepios die Kyklopen umgebracht habe. Dabei hatten die nur die Tatwaffe geschmiedet, einen Blitz, den Zeus auf Asklepios schleuderte, nachdem der Totengott Hades sich beim Göttervater darüber beschwert hatte, wegen der Heilkunst des Asklepios werde bald niemand mehr sterben. Eine etwas vertrackte Lesart, die sich auch nie richtig durchsetzte. Mythologische Kreativität war aber gefordert, weil der Pfeil zu den wenigen antiken Sternbildern ohne mesopotamischen Migrationshintergrund gehört. Zwar kannten die Babylonier ein Mul Kak.Si.Sá, was vom sumerischen gag-si-sá für »Pfeil« kommt, doch damit war eine andere Konstellation gemeint, nämlich ein Teil des Großen Hundes.

Der Pfeil der Griechen dürfte indes am häufigsten mit dem benachbarten Sternbild Adler in Verbindung gebracht worden sein: Demnach war es das Projektil, mit dem Herakles den Adler erlegte, der dem gefesselten Prometheus ständig an die Leber gegangen war. Dazu müsste man den Pfeil allerdings umdrehen und in α und β Sagittae nicht die Befiederung des Pfeilschaftes, sondern eine gegabelte oder halbmondförmige Spitze sehen. Dergleichen gab es tatsächlich, wenn auch umstritten ist, ob sie wirklich als »Seilschneider« dienten, um feindlichen Schiffen die Takelage zu kappen. Nach einer anderen Theorie waren sie gar nicht für Kampfeinsätze bestimmt, sondern zur Jagd auf große Vögel.

# Phönix

**D**er Phönix ist kein Wesen aus der antiken Mythologie. Zwar erwähnt Homer einen »Phoinix«, doch das ist der Lehrer des Achill. Eine andere Person dieses Namens galt als der mythische Ahnherr der Phönizier. Diesem Volk pflegten die Griechen gefärbte Textilien abzukaufen, und so wurde »phoinix« ein Wort für ein bestimmtes Rot. Mit dem wunderbaren Federvieh jedoch, von dem es stets nur ein Exemplar gibt, welches Jahrhunderte lebt, bis es in seinem Tod einen Nachkommen hervorbringt, hat all dies fast nichts zu tun.

Die Legende vom Vogel Phönix kam erst spät im Altertum auf, und da war sie schon das, was sie noch bei Harry Potter ist: ein poetisches Versatzstück, für das es daher auch keine kanonische Version gibt. Nicht einmal über die näheren Umstände seines zur Geburt führenden Todes besteht Konsens. In den Metamorphosen des römischen Dichters Ovid etwa stirbt der Phönix keineswegs durch spontane Selbstentzündung. Ovid schreibt auch, der Name stamme von den Assyrern, doch weist alles andere darauf hin, dass der Ursprung des Sagenmotivs in Ägypten liegt. Dort verehrte man seit alter Zeit den Vogel Benu, der sich nach der Er-

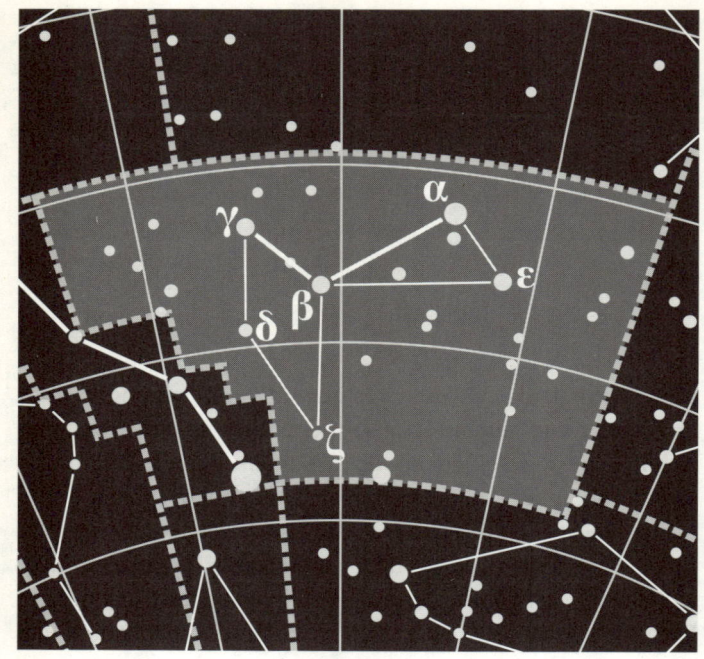

*Aus Asche erhebt er sich. Sein Feuertod ist aber literarisch nicht zwingend.*

schaffung der Welt als eines aus den Fluten auftauchenden Ur-
hügels auf ebendiesem niederließ und später in gewissen Ab-
ständen aus seiner Heimat im Osten kam, um im Sonnenhei-
ligtum von Heliopolis seinen in Myrrhe mumifizierten Vater zu
bestatten. So berichtete es im fünften Jahrhundert vor Christus
der griechische Ägyptentourist Herodot. Er nannte den Benu bereits »Phoinix« (vielleicht weil man ihm erzählt hatte, der Vogel
habe eine rote Farbe) und regt damit das beliebte literarische

Motiv an – und schließlich, am Ende des 16. Jahrhunderts, auch ein Sternbild.

Holländische Seefahrer deuteten damals in eine unspektakuläre Sternengruppe am Südhimmel jenen Wundervogel hinein, den christliche Gelehrte schon früh als Gleichnis für Tod und Auferstehung Jesu herangezogen hatten, so etwa Papst Clemens I. am Ende des ersten Jahrhunderts, nur wenige Jahrzehnte nach Ovid. Besagte Sterne stehen dabei nicht südlicher als das im Altertum prominente Sternbild des Schiffes Argo. Zu sehen waren sie in der Antike also durchaus, doch der Kontrast zu dem benachbarten hellen Stern α Eridani (links von ζ Phoenicis) ließ die Stelle buchstäblich im Dunklen. Ein Sternbild sahen dort erst die mittelalterlichen Araber und nannten es »Al Zaurak« (das Boot) und den Hauptstern α Phoenicis »Nair al Zaurak« (Strahlender des Bootes). Heute heißt dieser Stern erstaunlicherweise »Ankaa«, was auch ein arabisches Wort ist, aber nichts anderes bedeutet als Phönix.

# Rabe

Unser Verhältnis zu den Singvögeln der Gattung Corvus ist durchaus ambivalent. Die kleineren, gemeinhin als Krähen bezeichneten Arten haben noch heute ein Imageproblem, während die größeren Raben ihren Ruf als weise Zaubervögel in den vergangenen Jahrzehnten stetig ausbauen konnten, was auch daran liegen mag, dass ihr größter Vertreter, der Kolkrabe (Corvus corax), in Mitteleuropa um 1940 fast ausgerottet war. Seltenheit macht eben sympathisch. Zudem sind die Zeiten schon länger vorbei, in denen man Gehenkte am Galgen hängen ließ, so dass die auch Aas fressenden Vögel sich vor allem im Winter gerne an Hinrichtungsstätten aufhielten.

Dass Raben in vorchristlicher Zeit so viel besser angesehen gewesen wären, ist indes ein neuheidnischer Mythos. Zwar begleiteten sie Odin und galten dem Apollon heilig, zugleich waren sie bereits in der Antike zweifelhafte Wesen, etwa in den Fabeln Äsops, aber auch in den Sagen hinter dem Sternbild Rabe. In der einen schickt Apollon den Vogel zum Wasserholen, der jedoch trödelt und anschließend eine Wasserschlange bezichtigt, ihn aufgehalten zu haben – eine Lüge, für die er mit ewi-

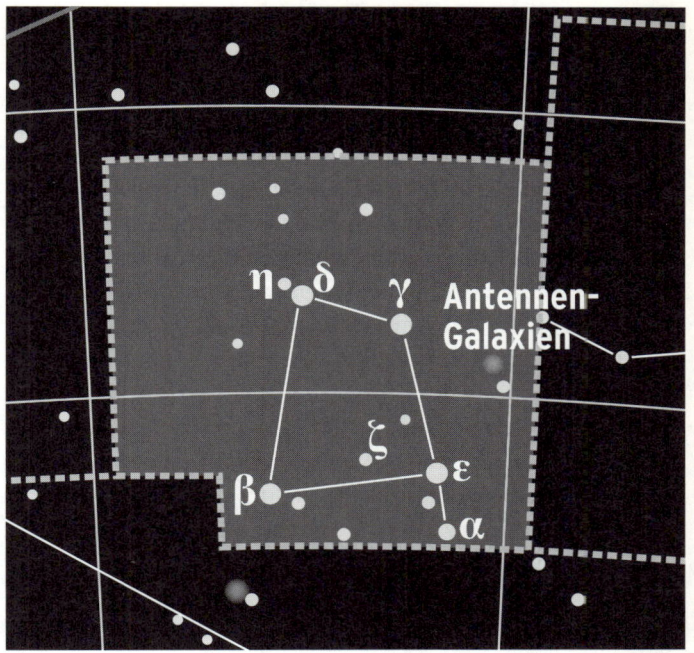

*Sprach der Rabe: Nimmermehr. Das Vieh ist irgendwie unheimlich.*

gem Durst und einer krächzenden Stimme büßen muss. In einer anderen, durch Ovids »Metamorphosen« bekannten Geschichte verrät der ursprünglich schneeweiße Rabe dem Apollon, dass dessen Geliebte Koronis ihm untreu war, woraufhin der Gott die schwangere Frau im Affekt tötet. Den Raben als Übermittler der desaströsen Information straft Apollon ebenfalls, indem er sein Gefieder schwarz werden lässt.

So oder so sind diese Mythen einer Konstellation übergestülpt worden, welche die Griechen aus Mesopotamien übernommen hatten. Bereits die Sumerer kannten die recht auffällige Sternengruppe als »Mul uga mushen« (Stern Raben-Vogel). Von den Hauptsternen abgesehen, war dort astronomisch indes lange nicht viel geboten. Erst seit sich die Formenvielfalt ferner Galaxien teleskopisch studieren lässt, hat sich das geändert. Seither ist der Rabe als Heimat einer der spektakulärsten Galaxienkollisionen bekannt: Seit mehreren hundert Millionen Jahren schrammen dort zwei Spiralgalaxien aneinander vorbei und wickeln sich mittels ihrer Schwerefelder gegenseitig die Spiralarme ab. Zusammen bilden sie heute die sogenannten Antennengalaxien, wobei das Bild der beiden zu einem herzförmigen Etwas überlagerten Galaxienkerne jedes Jahr am Valentinstag Konjunktur hat. Insofern dies aber nur die Momentaufnahme einer kosmisch gesehen höchst flüchtigen Episode ist, passt es nicht schlecht in das Sternbild jenes Vogels, bei dem man nie recht weiß, woran man ist.

# Schiffskiel

**N**icht nur Odysseus verfuhr sich, auch andere Protagonisten der Ilias gerieten nach dem Fall Trojas auf Abwege. Menelaos etwa, der Gatte Helenas, hatte Pech mit seinem nautischen Personal. Erst stirbt ihm sein Steuermann Phrontis, erzählt ein im 3. Jahrhundert vor Christus entstandenes Gedicht des Apollonios von Rhodos. Dann steuert Phrontis' Nachfolger Kanopos das Schiff statt ins heimische Sparta nach Ägypten und erliegt dort einem Schlangenbiss. Immerhin wird er damit zur mythischen Ursache der griechischen Präsenz am Nil, so dass die Griechen eine Stadt und einen Stern nach ihm benannten.

Die Stadt Kanopos lag 22 Kilometer westlich von Alexandria, der Stern Canopus ist der hellste Stern in der Konstellation Schiff Argo und nach dessen Aufteilung der hellste im Sternbild Kiel, lateinisch Carina. Tatsächlich dient Canopus alias α Carinae noch heute der Navigation. Raumsonden nutzen ihn als Leitstern, denn trotz 310 Lichtjahren Entfernung ist er der zweithellste Stern am Nachthimmel. Nur Sirius ist noch heller, aber der ist auch nur 8,6 Lichtjahre weg. Ein derart gleißender Stern dürfte allerdings schwerlich einen bewohnbaren Planeten be-

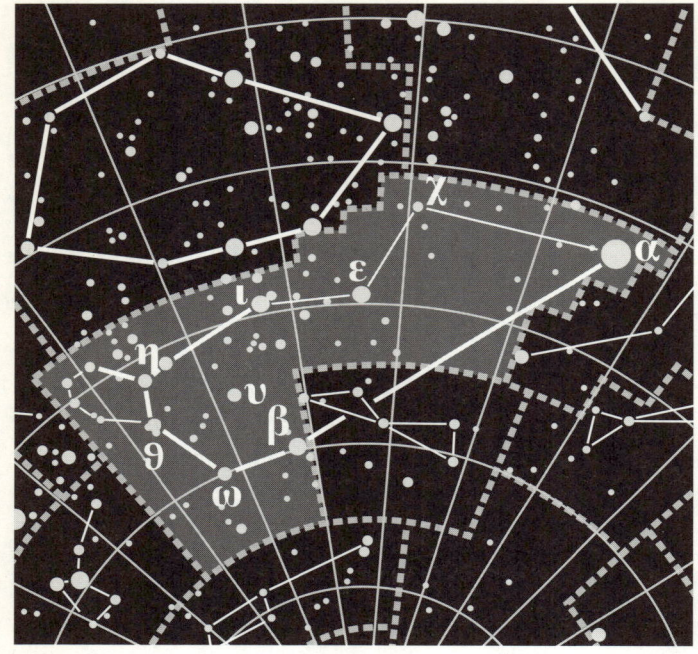

*Canopus (α Carinae) ist der Platzhirsch – so lange, bis η Carinae poppt.*

herbergen, wie Frank Herbert es sich in seinem Science-Fiction-Epos »Dune« vorstellte, wo der titelgebende Wüstenplanet um Canopus kreist.

Vor nicht allzu langer Zeit – zwischen 1833 und 1843 – wurde Canopus allerdings von einem anderen Stern im Schiffskiel überstrahlt, der sogar etliche tausend Lichtjahre entfernt ist: η Carinae leuchtete vier Millionen Mal heller als die Sonne. Und obwohl er das immer noch tut, ist er heute mit bloßem Auge nicht mehr zu sehen. Gewaltige Staubschwaden, die das mehr als hundert Sonnenmassen schwere Sternmonster selbst ausgestoßen hat, schlucken sein Licht und wandeln es in Wärmestrahlung um. Diese Schwaden, der sogenannte Homunkulus-Nebel, haben die Form eines Doppelkegels entlang der Rotationsachse von η Carinae. Die Mantelfläche des Kegels liegt genau auf der Sichtlinie zur Erde. Das ist beruhigend, denn wiese seine Achse auf uns, hätte das trotz der Entfernung einmal schlimme Folgen: Sobald η Carinae zu einem Schwarzen Loch implodiert, womit in den nächsten paar hunderttausend Jahren zu rechnen ist, würde die Erde dann von einem aus dem Sternpol hervorbrechenden Gammastrahlenblitz versengt. Sofern sich die Sternachse nicht noch ungünstig verschiebt – was theoretisch passieren kann, wenn es noch bisher unentdeckte Begleitsterne gibt –, wird η Carinae bei seinem Ende lediglich für einige Wochen zu einer Erscheinung, die noch den Vollmond überstrahlt. Danach ist wieder Canopus am Ruder.

## Schild

Astronomie ist unter allen intellektuellen Unternehmen am weitesten von allem Politischen entfernt. Das dürfte einerseits einen Teil ihrer Attraktivität ausmachen, andererseits brachte es ihr schon in der Antike den Ruf einer gewissen Weltfremdheit ein. Und doch, um ein Politikum kommt kein Autor einführender Astronomiebücher herum: um die Frage nach der Nationalität von Nikolaus Kopernikus (1473 bis 1543) und Johann Hevelius (1611 bis 1687). Insbesondere in englischsprachigen Werken werden beide bisweilen als polnische Astronomen bezeichnet, da der eine aus Torún, der andere aus Gdánsk kam, zwei auf dem Staatsgebiet des heutigen Polen gelegene Städte, die hierzulande als Thorn und Danzig bekannt sind. Obgleich beide Gelehrte deutscher Muttersprache waren, besteht heute eine gewisse Scheu, sie als Deutsche zu bezeichnen. Insofern es vor 1871 keinen deutschen Nationalstaat gab, hat das eine gewisse Berechtigung. Aber waren sie Polen?

Vielleicht ein bisschen. Sowohl Thorn als auch Danzig unterstanden zu Lebzeiten jener Männer der polnischen Krone, und Hevelius ehrte den polnischen König Jan III. Sobieski (1629 bis

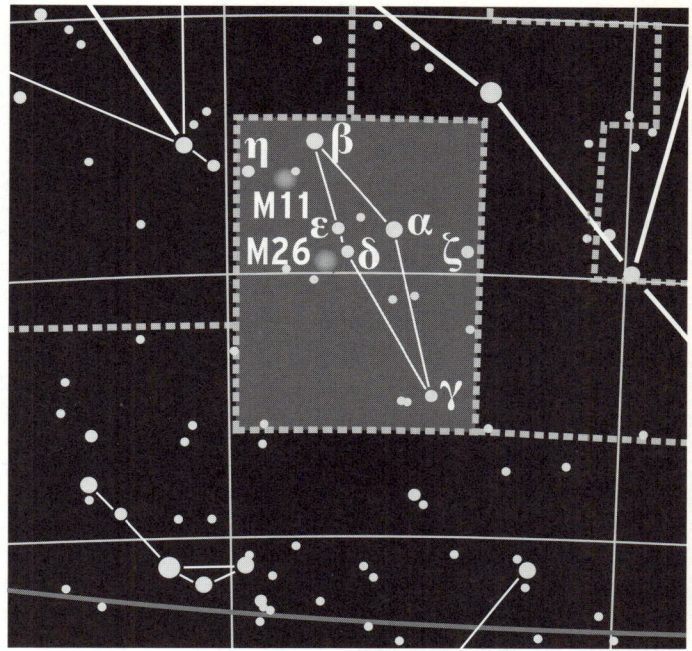

*Der Wildentenhaufen (M11) wurde kurz vor Sobieskis Großtat entdeckt. Man
sieht ihn schon im Fernglas.*

1696) zudem mit einem Sternbild. »Sobieskis Schild« (Scutum
Sobiescianum) ist klein, aber am sommerlichen Abendhimmel
Mitteleuropas gut erkennbar. Hevelius füllte damit ein Areal zwi-
schen den Konstellationen Adler und Schütze, das dicht mit den
Stern- und Staubwolken des galaktischen Zentrums bevölkert
ist. Außerdem finden sich dort die beiden Sternhaufen M 26 und
M 11, von denen Letzterer den englischen Amateurastronomen

Admiral William Henry Smyth an eine Wildentenschar erinnerte. Profis ist das Sternbild dagegen eher durch δ Scuti geläufig, dem Prototyp einer Klasse veränderlicher Sterne, deren Leuchtkraft im Laufe weniger Stunden schwankt.

Alles in allem also eine würdige Reverenz an Jan III., mit der Hevelius allerdings weniger seinen Souverän zu ehren gedachte – Danzig genoss ein Höchstmaß an Autonomie –, sondern vielmehr den Mann, der 1683 in der Schlacht am Kahlenberg die Truppen des Großwesirs Kara Mustafa schlug, dadurch das belagerte Wien befreite und die türkische Expansion nach Mitteleuropa stoppte. Darf man also von historischer Gerechtigkeit sprechen, dass sich Sobieskis Schild als einziger der politisch motivierten Sternbildnamen der Neuzeit durchsetzte? Wenn die Väter der Sternbildreform von 1922 so dachten, dann höchstens heimlich. In branchenüblicher Scheu vor allem Politischen verfügten sie, bei Nennung des Sternbildes Sobieskis Namen fortan ungenannt zu lassen.

# Schlange

**A**uf ihrer ersten Generalversammlung 1922 in Rom beschloss die Internationale Astronomenunion IAU, welche Sternbilder offiziell gelten sollen. Definiert wurden allerdings keine Linienmuster, sondern 88 Areale, in die der belgische Astronom Eugène Delporte das Himmelsrund im Auftrag der IAU aufteilte. Da Delporte sich an die aus der Antike überlieferten Bilder halten sollte, fielen die Grenzen mancher Areale recht bizarr aus, doch haben fast alle eine Eigenschaft, die Mathematiker »einfach zusammenhängend« nennen. Die einzige Ausnahme ist ausgerechnet das Sternbild jenes Tieres mit der denkbar simpelsten Geometrie: der Schlange. Ihr Sternbild zerfällt in zwei getrennte Teile: den Kopf der Schlange (lateinisch Serpens Caput) und ihren Schwanz (Serpens Cauda).

Schuld daran sind die alten Griechen, die das Reptil von einem Mann, dem Schlangenträger, gehalten sahen. »Seine beiden Hände halten die um seine Hüften geschlungene Schlange fest im Griff«, schreibt etwa Aratos von Soloi um 250 v. Chr. Zugleich waren Schlange und Schlangenträger als getrennte Sternbilder anzusehen. Da blieb Delporte keine Wahl.

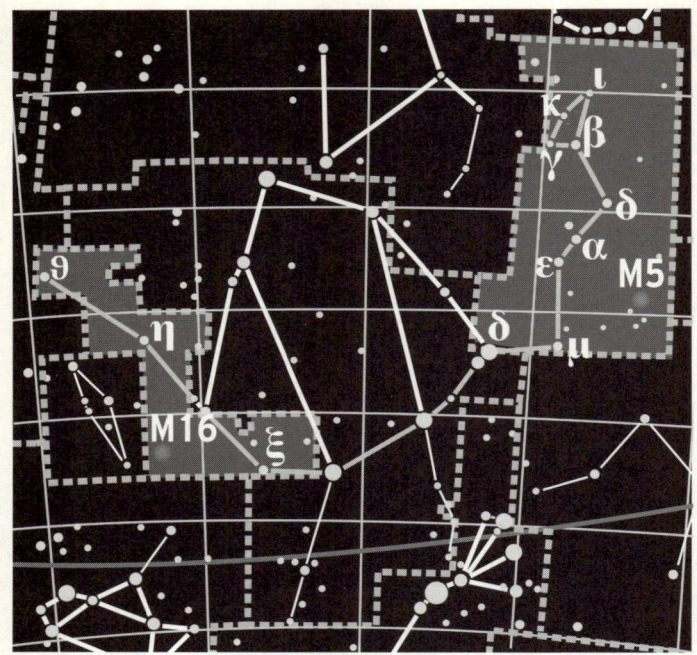

*Die Schlange und ihr Träger.*

Indes schien der Schlangenkopf lange Zeit der wichtigere Teil zu sein. Hier finden sich die hellsten Sterne, angefangen bei α Serpentis, einem Dreifachstern, der auch »Unukalhai« heißt, von arabisch Anuq al-Hayya (Hals der Schlange). Und hier steht M 5, der hellste Kugelsternhaufen des Nordhimmels. Halb so groß wie der Vollmond, ist er schon mit einem Feldstecher zu sehen. Im äußersten Zipfel des Kopfes schließlich, rechts von ι Serpentis, hatte der Amerikaner Arthur Hoag 1950 »Hoags Objekt« entdeckt. Dabei handelt es sich um eine perfekt ringförmig erscheinende Galaxie, die vermutlich aus einer Spiralgalaxie entstand, die vor wenigen Millionen Jahren von einer schnell fliegenden Zwerggalaxie genau im Zentrum durchflogen wurde. Die Schockwelle, die der Treffer durch das galaktische Gas schickte, löste dann in einem bestimmten Abstand vom Zentrum die simultane Entstehung junger Sterne aus.

Alle diese Attraktionen wurden allerdings im Jahr 1995 durch eine Aufnahme in den Schatten gestellt, die dem Weltraumteleskop Hubble im Schlangenschwanz gelang. Es ist ein Detail einer Gas- und Staubwolke im Sternhaufen M 16, dem Adler-Nebel, auf dem fingerartige Strukturen zu sehen sind, in denen sich das Gas zusammenballt, um neue Sterne zu bilden. Unter dem Titel »Pillars of Creation« (Säulen der Schöpfung) ist es heute eine der bekanntesten Astrofotografien überhaupt.

# Schlangenträger

**W**er im Spätherbst Geburtstag hat, glaubt für gewöhnlich, im Sternzeichen Schütze geboren zu sein. Tatsächlich ist das Sternbild aller zwischen dem 30. November und dem 18. Dezember Geborenen aber der Schlangenträger. Die Daten, die Astrologiebücher, Dudelsender und TV-Magazine den zwölf Tierkreiszeichen zuordnen, haben indes rein gar nichts mit den Sternen zu tun. In der Antike gaben sie einmal an, wo die Sonne im Jahreslauf stand. Aber seither hat die Taumelbewegung der Erdachse diese Beziehung ziemlich verschoben. Und spätestens seit der Sternbildreform von 1922 schneidet die scheinbare Sonnenbahn (die graue Linie in unserer Karte) klar noch eine dreizehnte Konstellation.

Nun ist die Dreizehn bei magischen Verrichtungen wie dem Rezipieren von Horoskopen keine sehr beliebte Größe. Daher hätten bereits die Alten den Sternenhimmel wohl anders eingeteilt, liefe die Sonne etwas mittiger durch den »Schlangenhalter« (so die wörtliche Bedeutung des griechischen Namens Ophiouchos). Die Schlange übrigens ist unabhängig von ihrem Träger ein eigenes Sternzeichen.

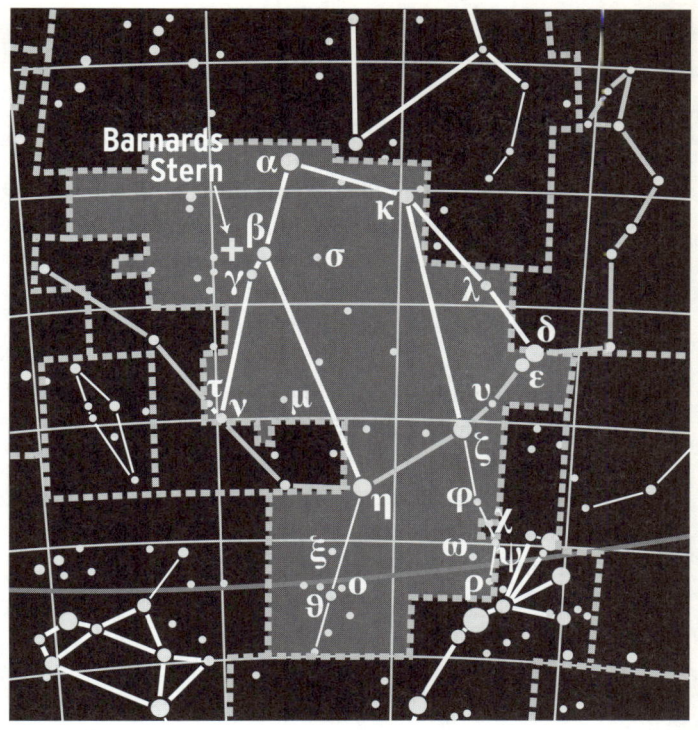

*Erkennt man die Schlange sieht man auch ihren Träger.*

Immerhin ist Nummer dreizehn im Zodiakus kein Geringerer als Asklepios, der Gott der Heilkunde. Er gilt als Sohn des Apoll, den dieser aus dem Leib der toten Mutter holte und somit rettete. Allerdings hatte Apoll die Frau zuvor selbst umgebracht, aus Eifersucht. Der Sage nach machte eine Schlange Asklepios auf ein Heilkraut aufmerksam, mit dem er den kleinen kretischen Prinzen Glaukos ins Leben zurückbringen konnte, der in einem Honigtopf erstickt war. Allerdings wird dieselbe Geschichte auch von dem Seher Polyeidos anstelle des Asklepios erzählt.

Astronomisch kann das Sternbild mit zwei Rekorden aufwarten. Da wäre einmal Barnards Stern, der mit der höchsten bekannten Eigenbewegung aller Sterne durchs All saust. Das machte ihn zum bekanntesten Stern im Schlangenträger, obgleich er mit bloßem Auge unsichtbar ist – und das als zweitnächster Nachbar der Sonne. Aber mit kaum einem Fünftel Sonnendurchmesser ist er ein Zwergstern der besonders kümmerlichen Sorte.

Die andere Berühmtheit ist ebenfalls nicht sichtbar, genauer gesagt: nicht mehr. Im Oktober 1604 aber explodierte unweit von ξ Ophiuchi eine Supernova, die Johannes Kepler in seinem Werk »De stella nova in pede Serpentarii« beschrieb, über den neuen Stern im Fuß des Schlangenträgers. Es ist die jüngste Sternenexplosion, die innerhalb der Milchstraße beobachtet wurde, und so lange her, dass der nächste große Knall vor unserer kosmischen Haustür statistisch gesehen überfällig ist.

# Schütze

**W**as, bitte, soll diese Figur? Einen Bogenschützen wird man auch mit sehr viel gutem Willen nicht darin erkennen können. Tatsächlich ist das umseitig gezeigte Linienmuster nur eines von mehreren, die aus dem Sternengewimmel in Richtung des Zentrums der Milchstraße herausgelesen wurden. Es ist allerdings in modernen astronomischen Lehrbüchern, sofern die sich überhaupt mit Sternbildern abgeben, die häufigste Variante und wird im englischen Sprachraum bisweilen als »Teapot« (Teekessel) bezeichnet.

Schützegeborenen sei aber versichert, dass man hier durchaus auch einen Sagittarius sehen kann, also eine Gestalt mit Bogen und Pfeil (lateinisch »Sagitta«). Schon im Altertum muss es dazu verschiedene Visualisierungen gegeben haben, denn die Gelehrten waren sich uneins, ob man es hier mit einem bogenschießenden Kentauren zu tun habe (vermutlich dem weisen Cheiron) oder mit dem satyrgestaltigen Krotos, Sohn des Pan und mythischem Erfinder des Bogens. Seine Waffe wird durch die Sterne $\lambda$, $\delta$ und $\varepsilon$ Sagittarii gebildet und die Pfeilspitze durch den Stern $\gamma$.

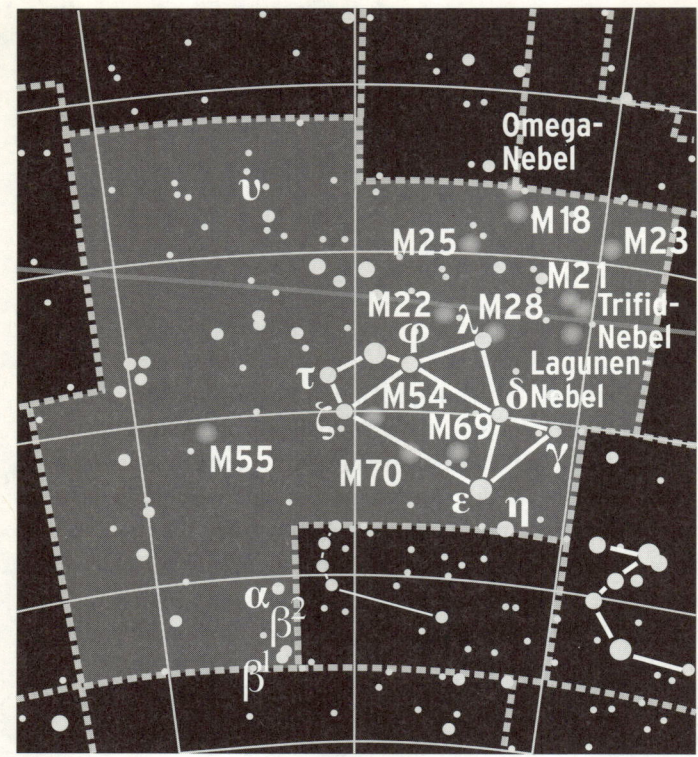

*Wow! Auch als Teekessel hat es der Schütze in sich.*

Doch Sterne sind in diesem Sternbild eigentlich Nebensache. Es gibt hier so viele Sternhaufen und leuchtende Nebel, dass man selbst mit einem Amateurteleskop ganze Nächte nur mit der Betrachtung des Schützen verbringen könnte, allerdings weniger hierzulande, wo das Sternbild sich nur im Sommer etwas über den Horizont erhebt. Am Südhimmel aber, etwa über der Atacama-Wüste im Norden Chiles, in der einige der größten Teleskope der Welt stehen, ist er eine der Hauptattraktionen.

Auch für Astronomen, die in anderen Frequenzbereichen als denen des sichtbaren Lichtes arbeiten, ist der Schütze ein äußerst lohnendes Revier. Der Pionier der Radioastronomie, Karl Jansky, entdeckte 1932 westlich von γ Sagittarii, fast auf der Grenze zum Nachbarsternbild Skorpion, eine starke Radioquelle, von der man heute weiß, dass sie mit einem hinter galaktischen Wolken verborgenen, vier Millionen Sonnenmassen schwerem Schwarzen Loch zu tun hat, das exakt im Nabel unserer Spiralgalaxie sitzt.

Und der Schütze war es auch, aus dem 1977 das sogenannte »Wow!«-Signal kam. Der Name geht auf die Notiz eines Mitarbeiters des SETI-Projekts zurück, der auf der Suche nach außerirdischen Funkbotschaften jenes Signal analysierte und feststellte, dass es von allem, was bisher aufgefangen wurde, am ehesten zu einer Radioquelle nichtnatürlichen Ursprungs passte. Leider dauerte es nur 72 Sekunden und wurde danach nie wieder empfangen, so dass seine wahre Natur ungeklärt blieb.

# Schwan

Schon mal ein Schwarzes Loch gesehen? Nun, das ist auch nicht so einfach. Doch wer ein Amateurteleskop sein Eigen nennt, kann an Sommerabenden bei guten Sichtbedingungen immerhin ein Opfer solch eines kosmischen Mahlstroms in Augenschein nehmen. Es ist ein Stern namens HD 226 868, und er steht gleich neben η Cygni am Hals des Sternbilds Schwan, lateinisch Cygnus.

Das Drama dort muss man sich allerdings dazudenken; auch die Astrophysiker erfuhren erst nach 1964 davon, als Raketen Röntgendetektoren über die Erdatmosphäre hoben, wobei sich HD 226 868 als starke Röntgenquelle entpuppte. Genauer war es ein fortan Cygnus X-1 genanntes Objekt, das den Stern umkreist, ihm ständig Gas absaugt, es zu einer im Röntgenlicht glühenden Scheibe sammelt und auf Nimmerwiedersehen verschluckt. Die Beobachtungen zeigen, dass Cygnus X-1 zwischen acht und zwanzig Sonnenmassen schwer ist, aber zugleich kleiner als 300 Kilometer. Etwas derart Kompaktes erzeugt auf seiner Oberfläche ein Schwerefeld, dem nicht einmal Licht entkommen kann, es ist also ein Schwarzes Loch.

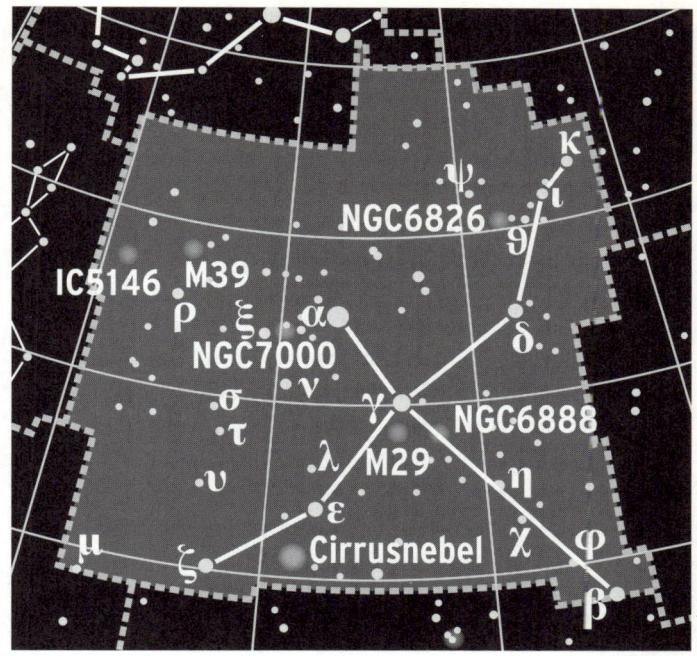

*Mein lieber Schwan, da ist was los.*

Auch so wäre der Schwan ein wahres astronomisches Panoptikum. Es gibt hier fast nichts, was es nicht gibt: Sternhaufen, Riesensonnen, Gasnebel wie den Nordamerikanebel NGC 7000 oder den Cirrusnebel, den Überrest einer Supernova, die vor 18 000 Jahren einen Stern zerriss. Nur Galaxien sind im Schwan nicht auffällig, denn der Vogel fliegt das Milchstraßenband entlang, dessen Gewölk und Gewimmel die Sicht auf Außergalaktisches versperrt.

Dass die Vogelfigur einen Schwan darstellt, setzt voraus, dass man in dem überhellen Hauptstern α Cygni alias Deneb den Schwanz sieht. Tatsächlich bedeutet das arabische Thanab (mit stimmhaftem »th«), das bei uns zu »Deneb« wurde, genau dies. Über die mythologische Rolle des Vogels gibt es mal wieder verschiedene Ansichten. Dass es sich um Zeus auf dem Weg zu Leda handele, wird kaum vertreten. Eher ist es das Opfer eines anderen göttlichen Sexualdelikts, die Göttin Nemesis, der die Verwandlung in einen Schwan jedoch nichts nutzte. Bei Ovid dagegen ist es ein König namens Kyknos (was auf Griechisch Schwan bedeutet). Er war ein Freund Phaethons, des Sohnes des Sonnengottes, der von Zeus per Blitz aus dem Verkehr gezogen wurde, nachdem er bei einer Spritztour mit Papas Wagen die Kontrolle verloren und dabei fast die Welt entflammt hatte. Als Kyknos aus der Trauer um Phaethon nicht mehr herausfand, wurde er von den Göttern in einen Schwan verwandelt und wie zur Erinnerung an den knapp vermiedenen Weltenbrand an jene besonders brenzlige Himmelsgegend versetzt.

# Schwertfisch

**W**er kann, sollte die Zeit zwischen Dreikönigstag und Ostern auf der Südhalbkugel verbringen. In Chile zum Beispiel oder in Australien bleiben einem dann nicht nur Fasching und Schmuddelwetter erspart, man kann dort des Abends auch das vielleicht schönste bereits mit kleinen Fernrohren beobachtbare Objekt des Fixsternhimmels bewundern: den Tarantelnebel in der Großen Magellanschen Wolke.

Es handelt sich um ein riesiges Sternentstehungsgebiet, in dem heiße Sterne Gas zum Leuchten anregen. Der Tarantelnebel gleicht darin dem Orionnebel, ist aber fünftausendmal heller. Da mag man bedauern, dass er stolze 150 000 Lichtjahre entfernt in einer Zwerggalaxie liegt. Andererseits, gehörte er zu unserer Milchstraße, wäre er wahrscheinlich von allerhand Dunkelwolken verdeckt. Im Sternbild Schwertfisch jedoch, in dem sich der Südpol der Ekliptik befindet, hat man freien Blick in den intergalaktischen Raum. Weil Sternentstehungsgebiete zudem die Orte sind, wo man kurzlebige Riesensterne mit Supernovapotential am ehesten findet, ist es nicht verwunderlich, dass die erste nahe Supernova seit Erfindung des Fernrohres im

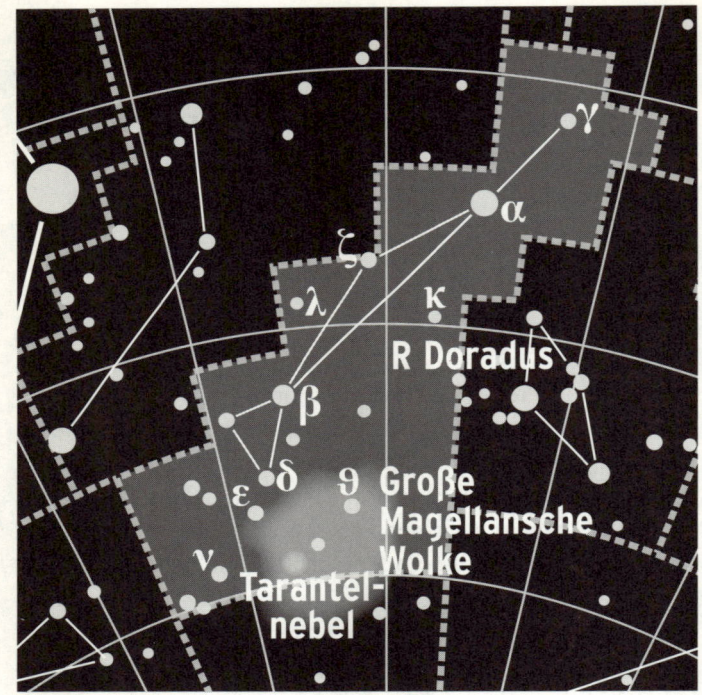

*Selbst das Kreuz des Südens kann da einpacken. Hier ist mehr los.*

Gebiet des Tarantelnebels explodierte. Am 23. Februar 1987 erreichte der Lichtblitz der Supernova »SN 1987A« die Erde und schwoll im Laufe jenes Frühjahrs zu einem Lichtpunkt an, der mit bloßem Auge zu sehen war: ein Fest für Astrophysiker auf allen Wellenlängen. Sogar den Neutrinoforschern bescherte das Ereignis einige ihrer Lieblingsteilchen. Das Sternbild Schwertfisch hatte die Publicity allerdings nicht nötig. Astronomen erfreuten sich schon zuvor an dem Roten Riesen R Doradus, dem von uns aus gesehen größten Stern am Himmel. Und bereits seit 1598, als die Konstellation auf dem Sternglobus des Petrus Plancius auftauchte, ist sie dank der Großen Magellanschen Wolke eine der bekanntesten des tiefen Südhimmels. Plancius gab ihr eigentümlicherweise keinen lateinischen Namen, sondern mit Dorado einen spanischen, wobei der Genitiv Doradus (mit langem u) der Flexion griechischer Wörter mit langem o als Nominativendung nachgebildet ist. Dorado bedeutet »Goldmakrele« (Coryphaena hippurus), ein vorzüglicher Speisefisch, den Plancius' Informanten, zwei holländische Seefahrer, in tropischen Meeren kennengelernt haben dürften. Keineswegs war, wie oft zu lesen, der Goldfisch (Carassius auratus) unserer Gartenteiche gemeint, allerdings auch nicht der Schwertfisch (Xiphias). Dieser Name für das Sternbild wurde erst im späten 18. Jahrhundert durch den populären Sternatlas Johann Elert Bodes üblich – und auch nur im deutschen Sprachraum.

## Die Segel

Mitte der 1960er Jahre erlaubte sich der Apollo-Astronaut Virgil Grissom einen Scherz. Er überredete den Leiter eines Planetariums, drei von den 37 Sternen, an denen die Astronauten sich auf dem geplanten Flug zum Mond orientieren sollten, umzubenennen. Die drei Spaßnamen waren alles Ananyme von Namensteilen Grissoms und seiner beiden Kameraden Edward White II und Roger Chaffee. Der Stern γ Velorum in der Konstellation der Segel (lateinisch Vela) erhielt dabei den rückwärts buchstabierten Vornamen Chaffees, also »Regor«. Weder der Weltraumbehörde Nasa noch den Astronomen, welche die Mondfahrer in Sternnavigation ausbildeten, fiel der Jux auf. Auch nachfolgende Apollo-Teams lernten mit der getürkten Liste. Der Name Regor fand sogar allgemeine Verbreitung. Auch seriöse astronomische Literatur verwendet ihn heute. Dass die Internationale Astronomische Union, die allein Himmelsobjekte benennen darf, dies nie abgesegnet hat, scheint niemanden zu interessieren. So viel zur Macht von Institutionen über Sprache und Schreibweise.

Dabei handelt es sich bei γ Velorum alias Regor nicht um irgendeinen Stern. Er ist der hellste seines Sternbildes und der

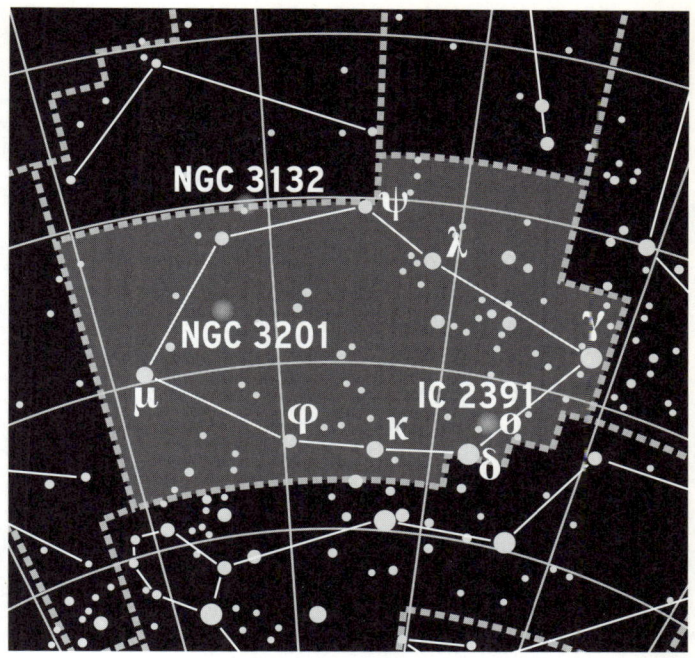

*Den Plural beachten und sich das Schiff mit zwei Segeln vorstellen.*

dritthellste der antiken Konstellation Schiff Argo, in deren Himmelsregion so viel los ist, dass man sie im 18. Jahrhundert in drei Teile – Achterschiff, Kiel und eben die Segel (lateinisch Vela) – aufgeteilt hat. Denn hier blickt man auf die galaktische Ebene, in der es vor heißen kurzlebigen Sternen nur so wimmelt und damit auch vor den Trümmern ihrer gewaltsamen Tode in Supernovae. Regor wird dieses Schicksal sogar zweimal ereilen, handelt es sich doch um einen Doppelstern aus einem 30 Sonnenmassen schweren blauen Hyperriesen und einem noch extremeren Objekt: einem Wolf-Rayet-Stern. So heißt der Kern eines überschweren Sterns, dessen immense Strahlung die äußere Gashülle weggeblasen und eine 70 000 Grad heiße, im Ultraviolettlicht glühende Kugel aus Helium und Kohlenstoff freigelegt hat. Enorme Sternwinde gehen von beiden Objekten aus; wo sie aufeinandertreffen, entsteht Röntgenstrahlung. Wegen der vielfältigen Phänomene in verschiedensten Wellenlängenbereichen firmiert Regor in Forscherkreisen auch als das »spektrale Juwel des Südhimmels«. Dafür einen griffig aussprechbaren Namen zu haben ist aber nicht der einzige Grund, warum der Astronautenulk sich hielt. Der andere ist die Erinnerung an eine Tragödie. Am 27. Januar 1967 fing bei einem Test eine Apollo-Kapsel Feuer. Virgil Grissom, Edward White und Roger Chaffee starben in den Flammen.

# Sextant

In den späten 1670er Jahren gab es Stunk in der ehrwürdigen Royal Society of London. Eines ihrer Mitglieder, Robert Hooke, hatte einen heftigen Zwist mit einem anderen Mitglied vom Zaun gebrochen, dem Danziger Johann Hevelius, einem der angesehensten Astronomen seiner Zeit. Anlass war ein Buch von Hevelius über Techniken zur Vermessung von Sternpositionen mit bloßem Auge, nur mittels Peilinstrumenten. Darüber ereiferte sich Hooke; im Zeitalter des Teleskops könne man doch so nicht mehr arbeiten. Es kam so weit, dass die Royal Society im Mai 1679 den jungen Edmond Halley nach Danzig schickte, im Gepäck einen modernen teleskopischen Quadranten. Dann maßen Halley und Hevelius um die Wette. Resultat: Hevelius' Positionswerte waren keinen Deut weniger genau als die, die Halley mit teleskopischer Unterstützung gewann. Eines jener linsenlosen Peilgeräte, deren Bedienung Hevelius so perfekt beherrschte, war der astronomische Sextant. Und es ist dieses Gerät, nach dem er später jenes kleine Sternbild ein Stück unterhalb des Löwen benannte.

Der astronomische Sextant heißt so, weil sich damit Winkel-

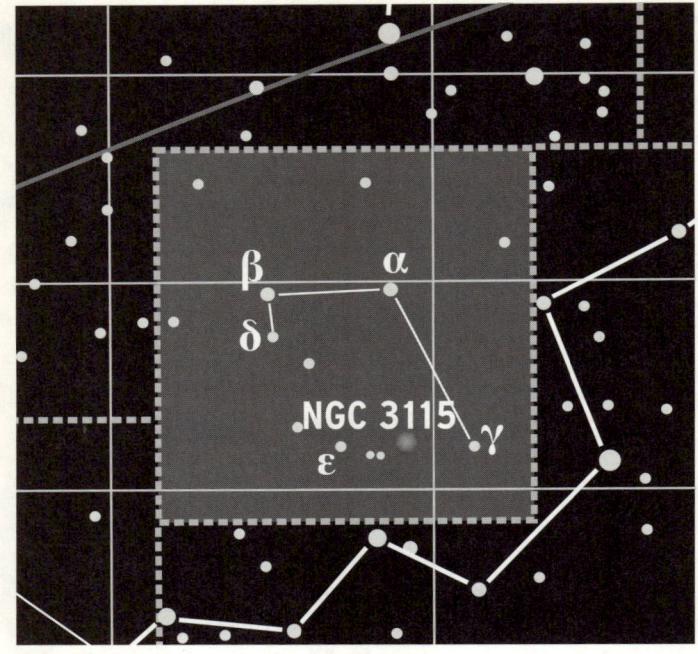

*Nichts für Navigatoren, aber für Fans mittelalterlicher Messtechnik.*

abstände bis 60° ausmessen lassen, also ein Sechstel (lateinisch sextans) des Kreisbogens. Er ist nicht zu verwechseln mit dem nautischen Sextanten zur Bestimmung der Horizonthöhe eines Gestirns. Dieser wurde erst um 1730 erfunden und besitzt zwei Spiegel, die zueinander verkippt werden, bis Horizont und Gestirn zur Deckung kommen – in einem kleinen Teleskop.

Tatsächlich hatte der streitsüchtige Mr. Hooke letztlich recht: Dem Teleskop gehörte auch in der messenden Wissenschaft die

Zukunft. Als beobachtender Astronom, etwa zur Kartierung des Mondes, baute und benutzte allerdings auch Hevelius Teleskope. Das einzige einigermaßen bemerkenswerte Objekt im Sternbild Sextant ist auch nur im Teleskop zu sehen: NGC 3115, auch Spindel-Galaxie genannt, weil wir von der Erde aus diesen Spiralnebel genau von der Kante her sehen.

NGC 3115 wurde erst 1787 entdeckt, genau hundert Jahre nach dem Tod von Johann Hevelius, dem letzten Astronomen, der die mittelalterlichen Methoden zur Vermessung des Sternenhimmels mit bloßem Auge noch beherrschte. Wenige Monate nach dem Wettmessen mit Halley versetzte das Schicksal dem 68 Jahre alten Hevelius einen Schlag, als wolle es ihm das Ende seiner Epoche verkünden. Am 26. September 1679 vernichtete ein Feuer sein Haus samt Observatorium, und fast scheint es, als habe er in dem unscheinbaren und genaugenommen überflüssigen Sternbild Sextant nur seinen geliebten Instrumenten, die dabei vernichtet wurden, ein Denkmal setzen wollen.

# Skorpion

Aus unerfindlichen Gründen entfaltet ein Sternbild seine prominenteste astrologische Wirksamkeit nicht dann, wenn es nachts sichtbar ist, sondern wenn die Sonne es durchquert. Für Skorpiongeborene ist das besonders betrüblich, denn die Konstellation ihres Sternzeichens ist sicher die prächtigste des ganzen Tierkreises.

Dafür tauchen im Herbst, wenn die Skorpione Geburtstag haben, tief im Osten die ersten Sterne des Orion auf. Der mythische Jäger steht dem Skorpion am Himmelsgewölbe in etwa gegenüber, so als laufe er ihm davon. Artemis hatte das Spinnentier auf Orion gehetzt, um sich für eine versuchte oder tatsächliche Vergewaltigung zu rächen oder weil Orion prahlte, sämtliche wilden Tiere erlegen zu können. Eratosthenes, der um 200 v. Chr. etwas Ordnung in den stellaren Mythen-Wirrwarr zu bringen trachtete, berichtet beide Versionen.

Ein halbes Jahr später jedoch ist der vordere Teil des Skorpions auch bei uns tief im Süden zu sehen: der markante Fächer vor allem, in dem die Alten, angefangen bei den Sumerern, aber nur den Kopf des Tieres sahen. Die Zangen befanden sich weiter

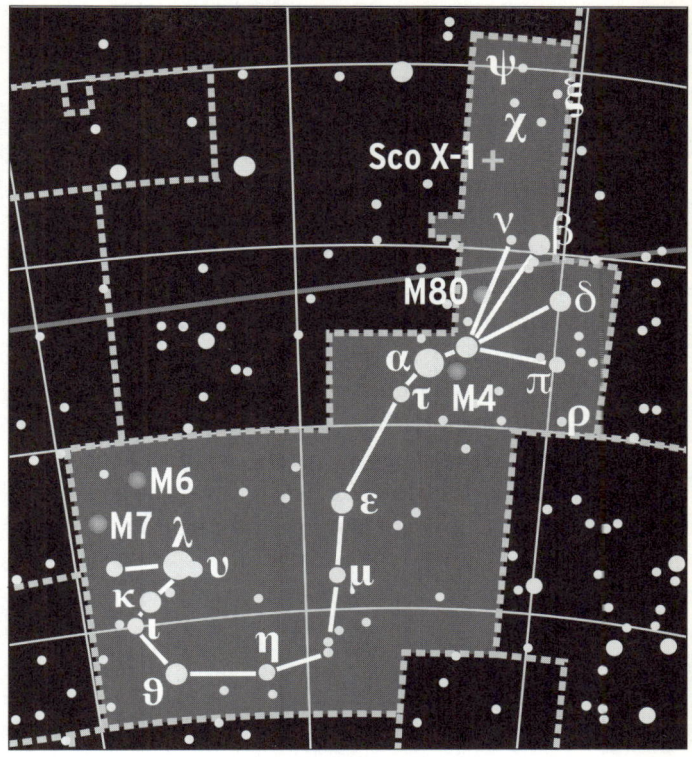

*Die Sonne (ihre Bahn als graue Linie) betritt den Skorpion, bleibt aber nur kurz.*

nordwestlich in einer Region, die erst die Römer als das separate Sternbild Waage deuteten. Auf Griechisch hieß diese Konstellation weiterhin »Chelai«, zu Deutsch: Scheren.

Auch der Rumpf-Skorpion ist ein ungeheuer reiches Sternbild. Allen voran steht der rote Riesenstern α Scorpii alias An-

tares, zu Deutsch »Gegen-Mars«. Sein arabischer Name Qalb al
'aqrab (»Herz des Skorpions«) ist kaum gebräuchlich, anders als
Shaula (ash-shaula', »der Erhobene«, gemeint ist der Schwanz
des Tiers) alias λ Scorpii, der im Band der Milchstraße liegt. Leider schafft der es bei uns nie über den Horizont, ebenso wenig
wie die offenen Sternhaufen M 6 und M 7, von denen Letzterer
in den Tropen mit bloßem Auge sichtbar ist. Am Kopf ist aber
auch allerhand los: Die Kugelsternhaufen M 4 und M 80 etwa
sind mit kleinen Teleskopen erkennbar. Hätten wir Röntgen-
augen (und ließe die Atmosphäre Röntgenstrahlen durch), dann
leuchtete uns nördlich ν Scorpii das hellste Gestirn überhaupt:
Scorpius X-1 ist ein Neutronenstern, der mit seinem Schwerefeld Materie von einem Nachbarstern absaugt. Wo sie auf seine
Oberfläche prallt, erhitzt sie sich auf bis zu 100 Millionen Grad
und macht den gerade mal 20 Kilometer großen und 9000 Lichtjahre entfernten Neutronenklumpen so zur hellsten Röntgenquelle am Himmel.

# Steinbock

Steinböcke seien zurückhaltende, aber auch beharrliche, zielstrebige Menschen. So oder ähnlich pflegt die astrologische Anthropologie Menschen zu beurteilen, die zwischen dem 22. Dezember und dem 20. Januar geboren sind. In dieser Zeit stand vor Jahrtausenden die Sonne im Sternbild Steinbock. Wie im Falle anderer Tierkreiszeichen, scheint sich diese Charakterisierung am – vermeintlichen – Namensgeber zu orientieren: Capra ibex, dem Paarhufer aus der Gattung der Ziegen, in dessen gebirgigem Lebensraum Beharrlichkeit geboten scheint.

Diese Klassifizierung würde allerdings ausschließen, dass es sich um eine besonders alte Lehre handelt. Denn des Sternbilds lateinischer Name Capricornus ist eine Übersetzung des griechischen Aigokerõs für »ziegengehörnt«. Und im Altertum wusste jeder, dass damit keineswegs jenes alpine Tier gemeint war, sondern der Hirtengott Pan, bei dem weder von Zurückhaltung noch von Zielstrebigkeit die Rede sein kann. Vielmehr stellte der bocksfüßige Geselle gerne den Nymphen nach oder erschreckte des Mittags weidende Tiere.

Allerdings hatten auch die Griechen ein Problem. Das Stern-

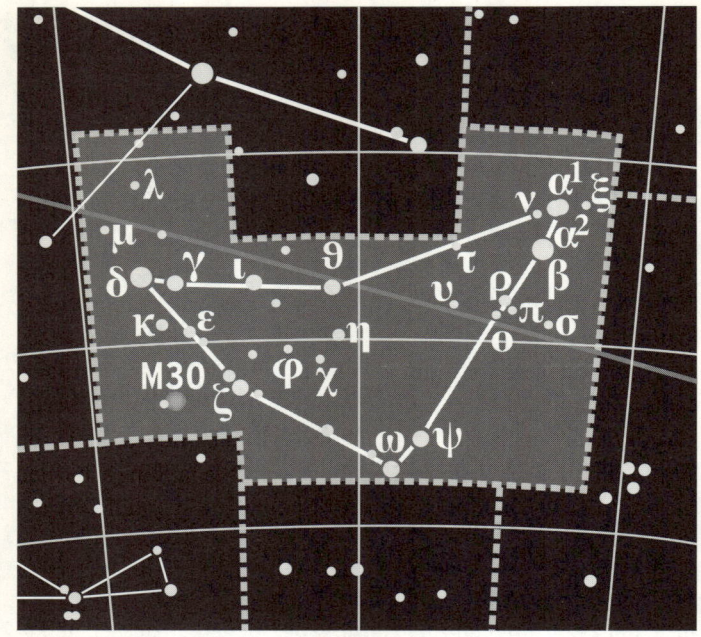

*24 Sterne zählte hier Eratosthenes. Sonderlich auffällig ist keiner davon.*

bild war ihnen als eine Ziege mit einem Fischschwanz geläufig, weil sie es so von den Babyloniern übernommen hatten. Die wiederum benutzten dafür den sumerischen Namen Suhur Mash, »Karpfen-Ziege« – und das bezeugt einen wirklich alten Ursprung. Bereits im dritten Jahrtausend vor Christus müssen Menschen die 24 Sterne, die später Eratosthenes dort zählte, als eine Einheit gesehen haben. Das erstaunt, bedenkt man, wie unauffällig die Konstellation ist. Sie besitzt keine wirklich hellen Sterne, selbst mit dem Fernrohr gibt es nicht viel zu sehen: einen Kugelsternhaufen (M 30) und das war es. In unseren Breiten kommt hinzu, dass der Steinbock nur im Sommer und Herbst zu sehen ist – tief über dem Horizont.

Wie aber brachten nun die Griechen den Fischschwanz mit ihrem kleinen Gott Pan zusammen? Sie erzählten sich die Geschichte vom Kampf der Götter mit dem Monster Typhon. Um dem Ungeheuer in einem Fluss zu entkommen, verwandelte Pan seine untere Körperhälfte in die eines Fisches. Die Flucht gelang, und er konnte Hermes beim Verarzten des durch Typhon schwerverletzten Zeus helfen. Der Götterchef bedankte sich dafür prompt mit Pans Erhebung in den Sternenhimmel. Vielleicht hat ja wenigstens dieses mythologische Detail etwas mit der heutigen astrologischen Typenlehre zu tun. Denn diese weiß, dass Steinbockgeborene denen, die sie einmal in ihr Herz geschlossen haben, lebenslang treue Partner und Freunde sind.

# Stier

**W**elches Sternbild mag das kulturgeschichtlich älteste sein? Wie alle solche Fragen wird sich auch diese nie mit Sicherheit beantworten lassen, aber möglicherweise ist es der Stier. Den Sumerern war er schon vor über 5000 Jahren bekannt, aber aus mindestens zwei Gründen dürfte das Sternenfeld nordwestlich des Orion bereits unseren frühesten Ahnen aufgefallen sein.

Da wäre einmal der rot glühende α Tauri alias Aldebaran, der zusammen mit ε Tauri das Augenpaar des Stieres bildet. Der 66 Lichtjahre entfernte und die Sonne an Durchmesser um das Fünfundvierzigfache übertreffende Riese scheint zudem von einer auffälligen Sterngruppe umgeben, bei der man sich fast schon Mühe geben muss, um kein Gesicht darin zu sehen. Es sind die Hyaden, ein offener Haufen aus in Wahrheit mehreren hundert jungen Sternen, die fast hundert Lichtjahre hinter dem Aldebaran stehen. Ihr Name kommt vermutlich vom griechischen »hyein« für »regnen«, auch wenn eine Sage berichtet, es handele sich hier um eine Schar Schwestern, die um ihren toten Bruder namens Hyas weinen. Tatsächlich fiel die Zeit der ersten

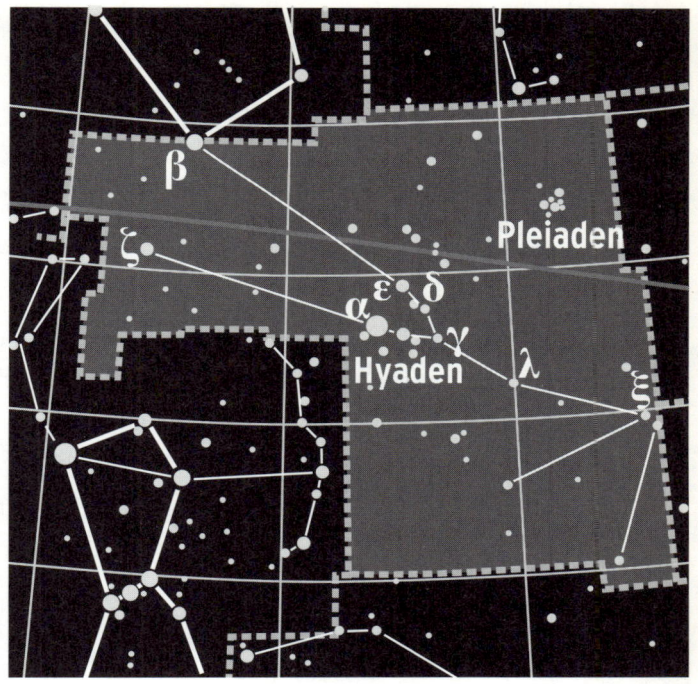

*Was zählt, ist das Gehörn. Aufs Hinterteil kann man da verzichten.*

Sichtbarkeit der Hyaden im frühen Altertum in die Zeit des beginnenden Herbstregens.

In dieser und anderer Hinsicht noch bekannter sind weiter westlich die Pleiaden. Das von sternlichtbeschienenen Gasschwaden scheinbar eingehüllte »Siebengestirn« ist noch jünger als die Hyaden und trotz einer etwa dreimal größeren Entfernung auffälliger. Die Pleiaden galten daher einst als Himmelsobjekt eigenen Rechts und zeigten den Bauern durch ihre ersten Auf- beziehungsweise Untergänge die Zeiten für Ernte und fürs Pflü- gen an. So überlieferte es Hesiod um 700 v. Chr., aber es ist ab- solut plausibel, dass bereits die Bauern der mitteleuropäischen Jungsteinzeit sich an dieser Gestirngruppe orientierten.

Aber haben sie in den Sternen ringsherum bereits einen Stier gesehen? Als ein Hinweis darauf wurde der Umstand gedeutet, dass an einer Stelle des sogenannten Sonnenobservatoriums bei Goseck in Sachsen-Anhalt besonders viele Stierschädel zu fin- den waren. Die mindestens 6600 Jahre alte Anlage ist von ih- ren jungsteinzeitlichen Erbauern mutmaßlich nach den Sonnen- wenden ausgerichtet worden, doch die Stelle mit den Schädeln lässt sich astronomisch auch mit dem Sternbild Stier zusam- menbringen. Wer es noch spekulativer mag, der folgt Autoren, welche die Plejaden neben dem Bild eines Auerochsen in den Höhlenmalereien von Lascaux entdeckt haben wollen. Diese Darstellung ist mindestens 17 000 Jahre alt.

# Südliches Dreieck

**M**anche Motive sind am Firmament gleich doppelt vertreten. So finden wir dort etwa Bär und Hund in je einer großen und einer kleinen Version. Zudem gibt es Sternbilder des Südhimmels, zu denen ihren Namensgebern partout nur Dinge einfallen wollten, die im Norden schon verstirnt waren: die südliche Krone, der südliche Fisch, die südliche Wasserschlange.

Auch Dreiecke gibt es zwei. Eins, das im Herbst hoch an unserem Abendhimmel steht, und ein bei uns nie sichtbares Triangulum Australe, einst auch »Libella« genannt, das lateinische Wort für die Setzwaage, den Vorläufer der Wasserwaage. Dass es nicht mehr sind, verwundert angesichts der Unzahl von Dreiergruppen, zu denen sich das nächtliche Gewimmel ordnen ließe. Tatsächlich stand nicht gleich fest, welche drei Sterne das Südliche Dreieck bilden sollen. Dazu kam es erst 1603, im Erscheinungsjahr der »Uranometria« des Augsburger Gelehrten Johann Bayer. Zwar findet sich ein Triangulum Australe bereits 1589 bei dem Holländer Petrus Plancius. Der hatte dort Beobachtungen seiner seefahrenden Landsleute Pieter Dirkszoon Keyser und Frederick de Houtman verarbeitet, die offenbar als erste Europäer systema-

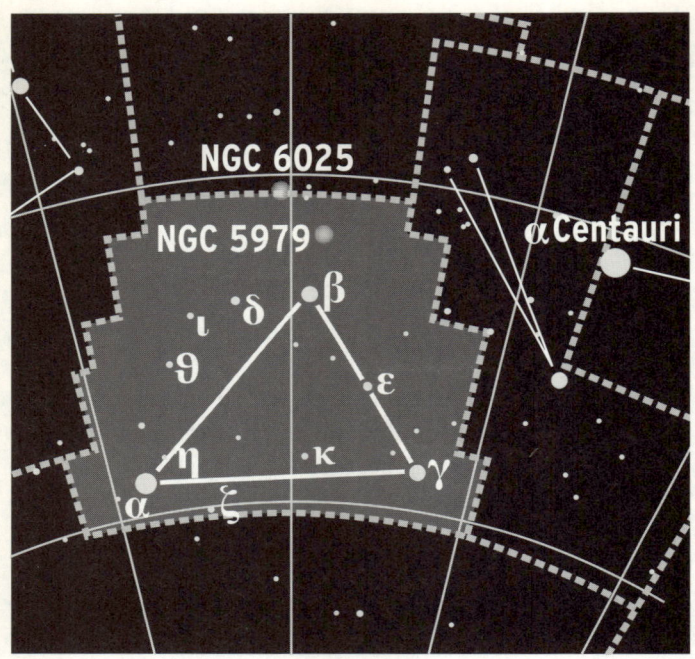

*Das soll keine Triangel sein, sondern ein Messgerät für Bauhandwerker.*

tisch zum Südhimmel schauten. Indes hatten auch andere Entdecker von einem markanten Dreieck im Süden berichtet, darunter 1503 Amerigo Vespucci. Ob es immer dieselben drei Sterne waren, die da verbunden wurden, ist jedoch mehr als fraglich. So steht Plancius' Triangulum Australe gegenüber dem bei Bayer auf dem Kopf.

Es ist aber auch nicht einfach. Das Südliche Dreieck liegt in einer sternreichen Gegend nahe dem Band der Milchstraße, ohne wirklich mit optischen Highlights gesegnet zu sein. Zwar ist sein Hauptstern α Trianguli Australis (kurz Atria) etwa so hell wie der Polarstern, doch gleich nebenan glüht stellare Prominenz, allen voran α Centauri, der sonnennächste Stern. Auf dem Areal des Südlichen Dreiecks fällt neben den drei Hauptsternen nur noch NGC 6025 auf, ein offener Haufen aus etwa 30 Sternen. Nicht weit davon gibt es mit NGC 5979 einen sogenannten planetarischen Nebel, also die abgestoßene leuchtende Gashülle eines ausgebrannten Sterns. Sie wurde bereits 1835 von dem Briten John Herschel von Kapstadt aus entdeckt, ist also mit guten Amateurteleskopen zu sehen. Doch im Vergleich zu seinen berühmten Artgenossen wie dem Ringnebel in der Leier ist es ein astronomisches Mauerblümchen – so wie das gesamte Sternbild.

## Südlicher Fisch

Fische am Firmament gibt es gleich mehrere – und nicht nur in dem gleichnamigen Tierkreiszeichen. Dieses verdankt seine Prominenz alleine seiner Lage auf der Ekliptik und den daran geknüpften astrologischen Ideen, astronomisch ist dort wenig los. Beim Südlichen Fisch ist das schon anders, denn hier gibt es α Piscis Austrini alias Fomalhaut. Nur 25 Lichtjahre ist dieser Stern entfernt, zudem etwa doppelt so groß wie unsere Sonne und entsprechend leuchtkräftiger. Das macht Fomalhaut zu einem der ganz hellen Sterne am Firmament. Wie man heute weiß, ist er von einem mächtigen Ring aus Staub umgeben, an dessen innerem Rand nach Ansicht einiger Astronomen der jupiterähnliche Planet Fomalhaut b kreist. Dieser wäre der erste und bislang einzige extrasolare Planet, der direkt durch reflektiertes Licht im sichtbaren Spektralbereich beobachtet wurde – sofern es ihn gibt. Da er im Infraroten nicht zu sehen ist, vermuteten andere Wissenschaftler zunächst, dass die Entdecker sich von einer Staubwolke haben narren lassen.

Das seltsame Wort Fomalhaut ist, wie fast alle Sternnamen, arabischen Ursprungs. »Fam al hawet« bedeutet »Maul des Wals«

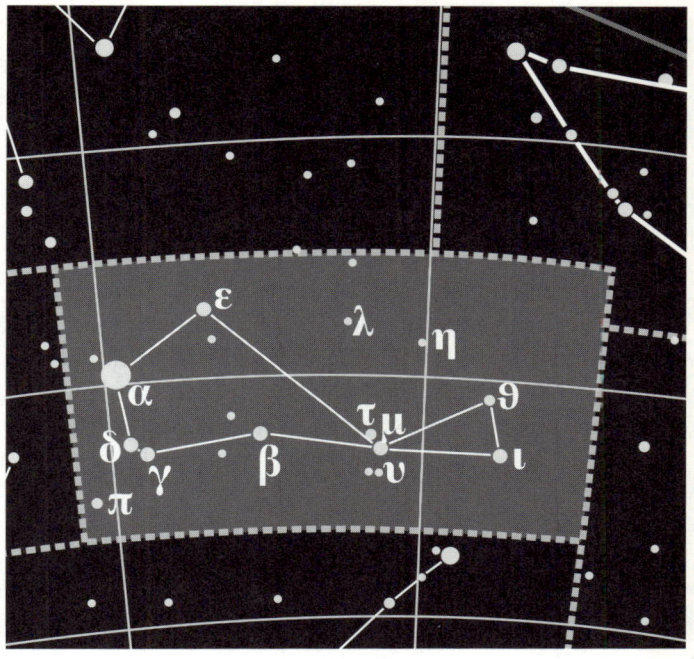

*Trinkendes Meerestier? Von links oben kommt ein Wasserstrahl.*

und ist eine zoologisch nicht ganz korrekte Umschreibung von »dem (Stern) im Maul«, mit dem Klaudios Ptolemaios im zweiten Jahrhundert seine Tabelle der Sterne des Südlichen Fisches begann, einer Konstellation, die bereits Jahrhunderte früher bei Aratos und Eratosthenes belegt ist. Letzterer allerdings spricht vom »Großen Fisch« und behauptet, es handele sich um die Mutter der beiden Fische des Tierkreiszeichens. An den Himmel gekommen sei das Tier, weil es einmal die syrische Göttin Atargatis gerettet habe, nachdem diese in einen See gefallen war. Der Römer Hyginus erklärt sich damit, warum die Syrer keine Fische äßen und Fischstandbilder verehrten, was aber historisch allenfalls in der Stadt Hierapolis Bambyke (das heutige Manbij nordöstlich von Aleppo) zutraf, wo sich das Hauptheiligtum der Atargatis befand. Tatsächlich sind mehrere Tempel dieser Gottheit mit Fischteichen ausgestattet. Damit dürften die Griechen auch dieses Sternbild aus dem Orient übernommen haben, was den Südlichen Fisch zum Beispiel mit seiner ursprünglich sumerischen Nachbarkonstellation Wassermann verbindet. Ptolemaios bemerkt, dass der Südliche Fisch sich dem Strahl aus dem Krug des Wassermanns zuwendet, was spätere Uranographen veranlasste, ihn auf ihren Atlanten so zu zeichnen, als trinke er daraus.

# Südliche Krone

**A**m Himmel gibt es auch zwei Kronen. Die nördliche (Corona Borealis), zwischen den Sternbildern Herkules und Bärenhüter gelegen, ist die in unseren Breiten besser sichtbare und daher bekanntere. Die südliche Krone dagegen steht unterhalb des Schützen und erhebt sich bei uns nur in den ersten Julitagen (und auch nur südlich des Breitengrades von Bremen) mitternachts etwas über den Horizont. Der offizielle lateinische Name dieses Sternbildes lautet übrigens einzig und allein »Corona Australis« und keinesfalls »Corona Austrina«, egal was ein beliebtes Internet-Nachschlagewerk behauptet. »Corona Austrina« taucht nur in einer Liste alternativer Sternbildkürzel auf, welche die Internationale Astronomenunion IAU 1932 verabschiedet, 1955 aber wieder zurückgenommen hat.

Beide Kronen waren bereits Klaudios Ptolemaios im 2. Jahrhundert bekannt, und auch wegen des griechischen Wortes »stephanos« (Kranz), das er in beiden Fällen verwendet, hat man sie sich als zur Stirn des Bekrönten hin offene Gebilde vorzustellen. Im Unterschied zur nördlichen Krone fehlt der südlichen allerdings eine mythische Deutung, denn der Astronom

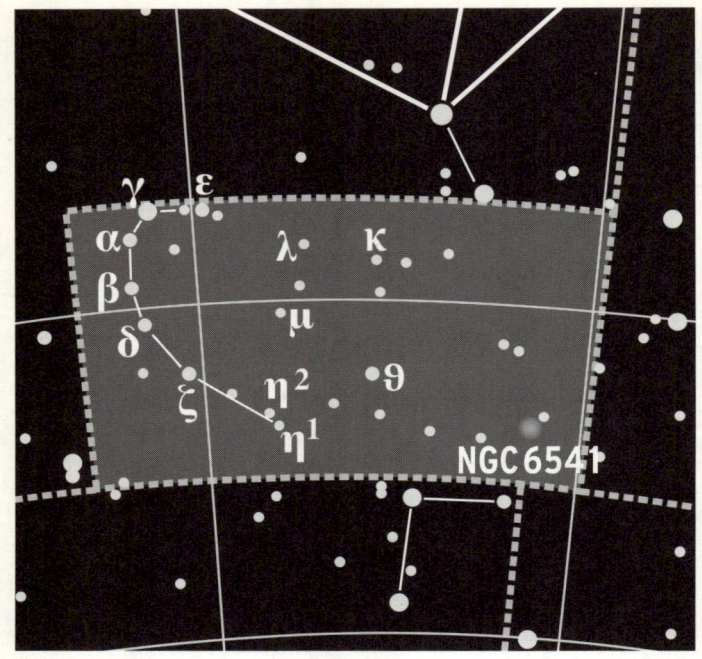

*Ein Kranz um Tod und Leben.*

Ptolemaios scheint der Erste gewesen zu sein, der die südliche Krone als herrschaftliche Kopfbedeckung interpretiert hat. Jedenfalls sprach Aratos von Soloi 300 Jahre zuvor lediglich von einem »kreisförmigen Ring, der über den Himmel rollt«.

Der Umstand, dass er das für mitteleuropäische Amateurastronomen weitgehend im Verborgenen tut, ist für diese nicht wirklich schlimm. Es entgeht ihnen allenfalls der schöne Kugelsternhaufen NGC 6541. Für wissenschaftliche Beobachter ist das kleine Sternbild allerdings so unwichtig nicht. Zum einen steht unweit des Sterns μ Coronae Australis ein Neutronenstern namens RX J1856.5−3754. Mit etwa 400 Lichtjahren Entfernung ist er das uns nächste dieser extrem kompakten Überbleibsel von Supernova-Explosionen, in denen überschwere Sterne ihr Dasein beschließen. Eine Zeitlang galt RX J1856.5−3754 sogar als Kandidat für einen Vertreter der extremeren, bislang noch hypothetischen Klasse der Quark-Sterne, auch »seltsame Sterne« genannt, auf denen die Schwerkraft so groß ist, dass selbst Neutronen von ihr zermalmt werden. Ganz in der Nähe dieses Exoten liegt der R-Coronae-Australis Molekülwolken-Komplex. Die Gas- und Staubschwaden dort enthalten zahlreiche sogenannte T-Tauri-Sterne, die sich gerade erst aus zusammenballender Materie gebildet haben. Es ist eines der nächstgelegenen Sternentstehungsgebiete und ebenfalls rund 400 Lichtjahre entfernt. Näher kommen Geburt und Tod der Sterne unserem Planeten in seiner anthropogenen Midlife-Crisis nicht.

# Tafelberg

**W**er seinen Weihnachtsurlaub in Kapstadt verbringt, der kennt diesen Anblick: der flache Felsen des Tafelbergs und darüber Gewölk. Im südafrikanischen Sommer (also zum Beispiel im Dezember), liegt es häufig als dünne Wolkenschicht direkt auf dem Berg und scheint auf der Nord- und Westseite die Steilhänge hinunterzufließen. »Tablecloth« (Tischtuch) heißt dieses Phänomen, und es verdankt sich den vom warmen Agulhas-Strom des Indischen Ozeans angefeuchteten Luftmassen, die vom Tafelberg zum Aufsteigen und damit zur Abkühlung und Wolkenbildung gezwungen werden.

Es muss dieser Anblick gewesen sein, der Nicolas Louis Abbé de Lacaille zum Sternbild Tafelberg inspiriert hat. Vier Jahre, zwischen 1750 und 1754, hatte der Franzose in Kapstadt verbracht, um astronomische Beobachtungen von der südlichen Hemisphäre aus durchzuführen. Seine Forschungen führten unter anderem zu 14 neuen Sternbildkreationen am Südhimmel, darunter eben auch Mons Mensae, der Tafelberg, dem Lacaille die Gefilde südlich der Großen Magellanschen Wolke zuwies. Diese äußerst eindrucksvolle Zwerggalaxie, die den Spiralnebel

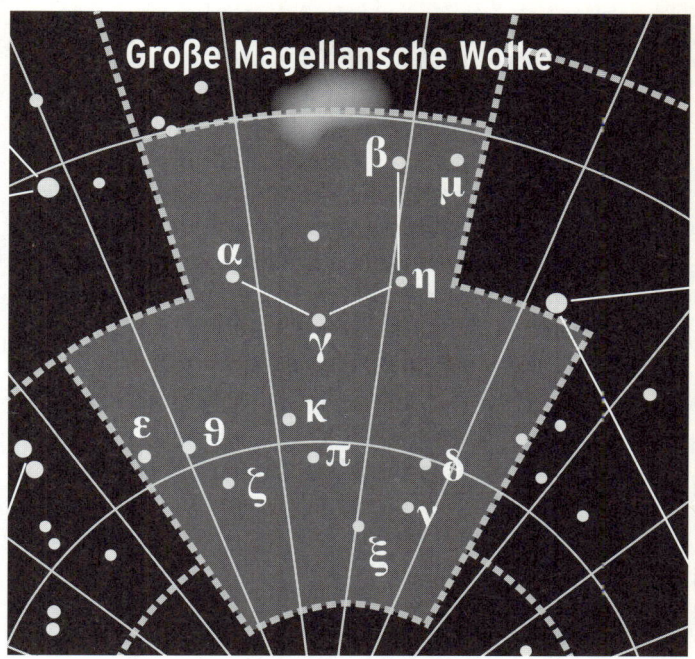

*Dunkler Fels: Südlich der Wolke ist kein Stern dem bloßen Auge sichtbar.*

unserer Milchstraße in etwa 150 000 Lichtjahren Entfernung begleitet, dürfte den Abbé ihrer abgeflachten Form wegen an das helle Wolkengebilde über dem dunklen Sandstein des Tafelberges erinnert haben.

Denn von der Großen Magellanschen Wolke abgesehen (deren größter Teil allerdings in der Konstellation Schwertfisch liegt) ist es im Sternbild Mensa, wie sein wissenschaftlicher Name heute lautet, wirklich stockdunkel. Unter allen 88 Sternbildern ist der Tafelberg das, welches dem unbewaffneten Auge am wenigsten zu bieten hat, nämlich rein gar nichts. Schon der hellste Stern hier, α Mensae, ist für normalsichtige Menschen auch bei guten Bedingungen nicht zu sehen. Das ist ein wenig schade, denn dieser Stern ist fast ein Zwilling unserer Sonne und zeigt, wie unser Mutterstern aus 33 Lichtjahren Entfernung aussieht, was in etwa der mittlere Abstand zweier sonnenähnlicher Sterne in diesem Teil der Galaxis ist. Wegen seiner Nähe steht er ganz oben auf der Liste jener Sterne, deren erdähnlich kreisende Planeten sich mit heute vorstellbarer Technik auf eine lebensfreundliche Atmosphäre hin untersuchen ließen – wenn es solche Planeten denn gibt. Bisher haben die Astronomen bei α Mensae keinen Hinweis darauf, und solange sie keinen finden, wird das Sternbild Tafelberg bleiben, was sein Vorbild für all jene ist, die den Jahreswechsel nicht am Kap verbringen dürfen: eine Kuriosität im fernen Süden.

# Taube

Sichtbar, aber unerforschlich – das waren die Sterne für die Menschen während der längsten Zeit ihrer Geschichte. Kein Wunder, dass ihnen in so vielen Kulturen eine religiöse Dimension zugesprochen wurde, nicht zuletzt bei Griechen und Römern. Das Christentum allerdings hat mit dieser Idee gründlich gebrochen. Zwar wurden Tempel zu Kirchen umgebaut und Termine von Götterkulten zu Heiligen-Gedenktagen umgewidmet, doch hat es kein Kirchenvater je für nötig befunden, die antiken Sternbilder zu christianisieren. Den ersten Versuch in diese Richtung hat der niederländische Geograph und reformierte Theologe Petrus Plancius zu Beginn des 17. Jahrhunderts unternommen, zu einer Zeit also, als der Sternenhimmel bereits drauf und dran war, erforschlich zu werden.

Doch handelte es sich bei Plancius' Bemühungen eher um eine Biblifizierung als um eine Christianisierung. Das kleine Sternbild Taube etwa, das er einführte, hat bei ihm nichts mit dem Heiligen Geist zu tun, den Jesus nach seiner Taufe im Jordan »wie eine Taube« (Matth. 3,17) auf sich herabkommen sah. Vielmehr wollte Plancius hier jene Taube erkennen, die Noah

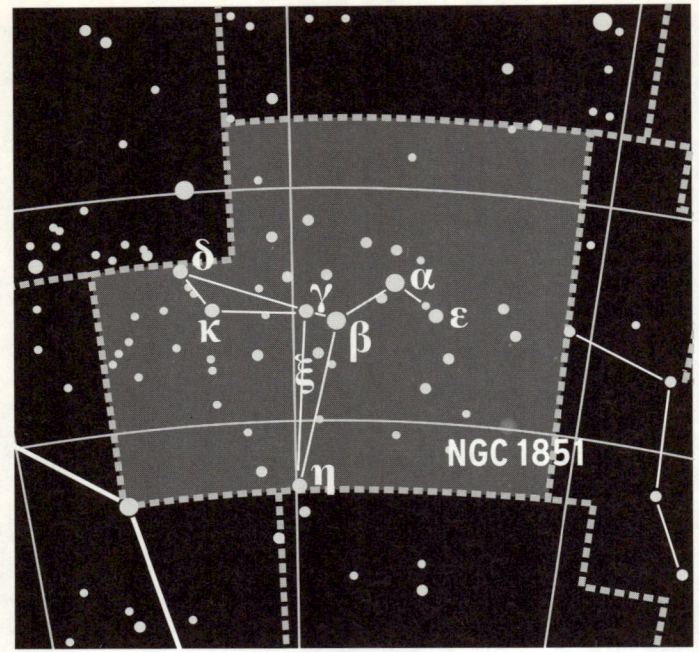

*Frommer Vogel mit dem Kugelsternhaufen NGC 1851 als einziger Attraktion.*

ausschickte, um nach Land Ausschau zu halten. Denn das benachbarte antike Sternbild »Schiff Argo«, das spätere Astronomen in Kiel, Heck und Segel aufteilten, hatte Plancius kurzerhand zur Arche umgedeutet.

Allerdings muss es die Taube (lateinisch Columba) inoffiziell bereits vor Plancius gegeben haben, denn der Stern α Columbae, der mit seinen Nachbarn bei dem antiken Astronomen Ptolemaios erwähnt ist, trägt seit dem Mittelalter den Namen

Phakt, der auf ein arabisches Wort für »Ringeltaube« zurückgeführt wird. Tatsächlich hat eine Taube auch in der Argonautensage einen Auftritt, nämlich in der Episode bei den Symplegaden, zwei schwimmenden Felsen am Ausgang des Bosporus, welche die Besatzung der Argo zu passieren hatte, um zwecks Erwerb des Goldenen Vlies nach Kolchis zu gelangen. Jene Felsen hatten die Angewohnheit, aneinanderzuschlagen, sobald ein Lebewesen zwischen sie geriet. Die Argo schaffte die Durchfahrt trotzdem, nachdem der Chefargonaut Iason zunächst eine Taube hatte hindurchfliegen lassen.

Auch wenn ein Schubs der Athene der Argo hinter der Taube her durchs Hindernis half, so leuchtet die Geschichte nicht wirklich ein, was dazu beigetragen haben mag, dass Ptolemaios dem Vogel den konstellaren Status seinerzeit verweigert hat. Damit blieb die Taube dem frommen Uranographen Plancius für sein theologisch durchaus fragwürdiges Unterfangen, biblischem Geschehen antike Sinnfälligkeit zu verleihen.

# Teleskop

Das Fernrohr war eine epochale Erfindung. Daher macht es auch gar nichts, dass es gleich drei Jahreszahlen gibt, deren runde Wiederkehr man zu ihrer Feier nutzen kann. Da wäre erstens das Jahr 1608, in dem die ersten Linsenfernrohre auftauchten. Ende 1609 setzte Galileo Galilei das Instrument dann als Erster wissenschaftlich ein. Und 1611 veröffentlichte Johannes Kepler seine Schrift »Dioprice«, in der er einen Verbesserungsvorschlag machte, der die beobachtende Astronomie entscheidend voran-bringen sollte.

Ein solches Kepler-Fernrohr soll auch Nicolas Louis de La-caille im Sinn gehabt haben, als er südöstlich des Sternbilds Skorpion – und damit für europäische Beobachter bereits zu tief am Südhimmel – die Konstellation Telescopium in seine Stern-karten zeichnete. Das war 1751 oder 1752, als der französische Astronom in Kapstadt weilte, um das südliche Firmament zu kartieren, wobei er insgesamt 14 neue Sternbilder einführte. Zehn davon stellen nautische oder wissenschaftliche Instru-mente dar. Dass sein Teleskop ein historisches Gerät sein soll, ist spätestens seit 1801 aktenkundig, denn damals bildete es Jo-

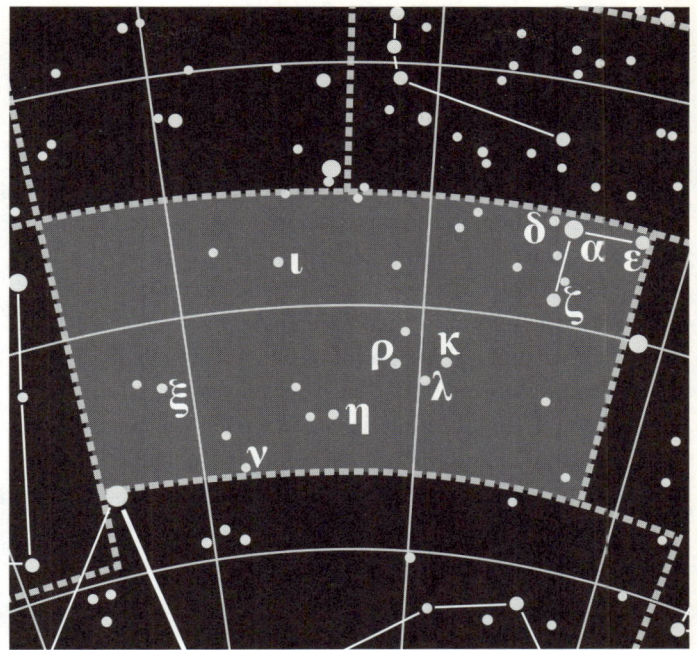

*Was vom Fernrohr übrigblieb, ist des Motivs nun wirklich nicht würdig.*

hann Elert Bode als ein langes, mit Seilen an einer Stange aufgehängtes Kepler-Teleskop ab – und nicht als eines der zu Lacailles und Bodes Zeiten üblichen Spiegelteleskope.

Ein solches gab es am Himmel damals auch: Herschels Teleskop (Telescopium Herschelii) war eine später wieder abgeschaffte Konstellation am Nordhimmel im Westen des Sternbilds Fuhrmann, mit welcher der Jesuit Maximilian Hell 1789 die Entdeckung des Uranus durch William Herschel acht Jahre zuvor würdigen wollte.

Das heute verbliebene Teleskop ist aber eindeutig ein Kepler'sches, woran auch nichts ändert, dass die moderne Sternbildreform seinen vorderen Teil, der noch bei Bode zwischen Skorpion und südlicher Krone bis über die heutige Südgrenze des Schützen ragte, kurzerhand gekappt hat. Diese Operation war nötig, um gekrümmte Sternbildgrenzen zu verhindern, aber dem Teleskop hat sie seine beiden hellsten Sterne genommen: β Telescopii gehört heute unter dem Namen η Sagitarii zum Schützen und γ Telescopii als G Scorpii zum Skorpion. Zugleich trennte man damit das Teleskop völlig von den interessanten Gefilden in Richtung auf das Zentrum der Milchstraße. Zurück blieb eine kleine, völlig unscheinbare Konstellation ohne interessante Nebel, Sternhaufen oder anderweitig beachtenswerte Objekte. Sehr schade, dass das ausgerechnet dem Teleskop passieren musste.

# Tukan

**Z**ehn Tage lang starrten Astronomen immer auf dieselbe Stelle. Zwischen dem 29. September und dem 10. Oktober 1998 hielten sie das Hubble-Weltraumteleskop auf ein Fleckchen im südlichen Sternbild Tukan. Wie bei einer ähnlichen Aktion drei Jahre zuvor in der Großen Bärin, machte die lange Belichtung im »Hubble Deep Field South« extrem entfernte Galaxien sichtbar.

Man hätte auch anderswo hingucken können. Bis zum Beweis des Gegenteils gehen die Kosmologen davon aus, dass das Universum im Großen und Ganzen gleichmäßig mit Galaxien gefüllt ist – schon weil diese Annahme ihnen ihre Gleichungen erheblich vereinfacht. Den Tukan hatten sie wegen dessen Lage weit ab des Milchstraßenbandes ausgesucht, wo weder Sternfelder noch Gaswolken die intergalaktische Aussicht verstellen. Das klingt, als habe das Sternbild, das holländische Seefahrer Ende des 16. Jahrhunderts nach dem Tropenvogel mit dem überdimensionierten Schnabel benannten, für normalsichtige Teleskope nicht viel zu bieten. Was die spärlichen Sterne angeht, stimmt das auch.

Doch daneben gibt es im Tukan auch zwei Objekte, die nicht

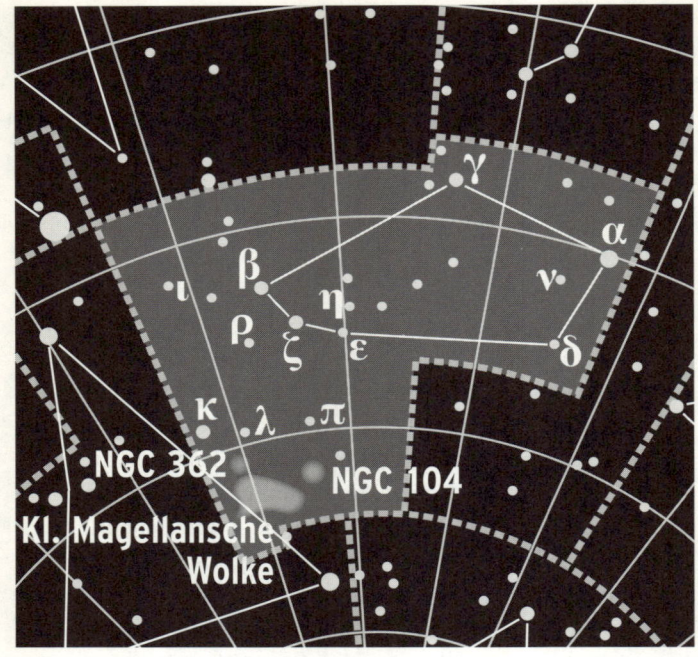

*Das verzogene Vieleck soll vermutlich den Schnabel darstellen.*

Teil der Milchstraßenscheibe sind, die man aber trotzdem mit bloßem Auge sehen kann. Es ist einmal die kleine Magellansche Wolke, benannt nach dem portugiesischen Entdecker, auf dessen Weltumseglung sie erstmals von Europäern dokumentiert wurde. Das andere Objekt ist der Kugelsternhaufen NGC 104, besser bekannt als 47 Tucanae. Letzteres ist eigentlich die Bezeichnung für einen Stern; tatsächlich ist der Haufen so hell, dass man ihn zunächst für einen Einzelstern gehalten hatte. Er besteht aber aus rund einer Million Sonnen, von denen man die äußeren bereits mit einem guten Feldstecher auflösen kann.

Mit 13 400 beziehungsweise rund 150 000 Lichtjahren Entfernung liegen 47 Tucanae und die kleine Magellansche Wolke im gravitativen Einflussbereich der Milchstraße. Dass dergleichen nicht in jeder Himmelsrichtung zu sehen ist, zeigt die Inhomogenität des Kosmos im galaktischen Maßstab. Über die Distanzen, die das Hubble-Teleskop bei höchster Belichtungszeit zu überblicken vermag, scheint das aber tatsächlich ganz anders zu sein. Da zeigte sich 1998 im Tukan ein ähnliches intergalaktisches Gewimmel wie zuvor in der Großen Bärin. Die Theorie von der Homogenität des beobachtbaren Kosmos wurde dadurch plausibler, wenn sie so auch nicht streng zu beweisen ist: Wollte man mit Hubble den gesamten Himmel so lange ablichten wie jenes Fleckchen im Tukan, dauerte dies 900 000 Jahre.

# Waage

»Im Zeichen der Waage Geborene streben nach Gleichgewicht und Harmonie« – von derlei Phrasen bleibt kaum ein Konsument astrologischer Lebenshilfe verschont. Immerhin ist die plumpe Assoziation im Fall der Waage, dem einzigen unbelebten Objekt unter den Tierkreiszeichen, nicht ganz so traditionslos wie etwa beim »leidenschaftlichen Stier« oder dem »zwiespältigen Zwilling«. Der römische Astrologe Marcus Manilius brachte das Sternbild bereits im ersten Jahrhundert mit der Idee der Ausgeglichenheit zusammen, allerdings mit der von Tag und Nacht zu jener Jahreszeit, in der damals noch die Sonne im Sternbild Waage stand. Auch das Symbol der Gerechtigkeit schwang bei den Römern mit, wenn es um die Waage ging, sahen sie doch im benachbarten Sternbild Jungfrau zuweilen die dafür zuständige Göttin Iustitia.

Von den Griechen hatten sie diese Idee nicht. Für diese war das Sternenfeld zwischen Jungfrau und Skorpion nämlich keine Waage, sondern das Zangenpaar jenes Skorpions. Die arabischen Namen der Sterne α und β Librae zeugen davon: Sie heißen Zuben Elgenubi (»südlicher Stachel«) und Zuben Eschemali

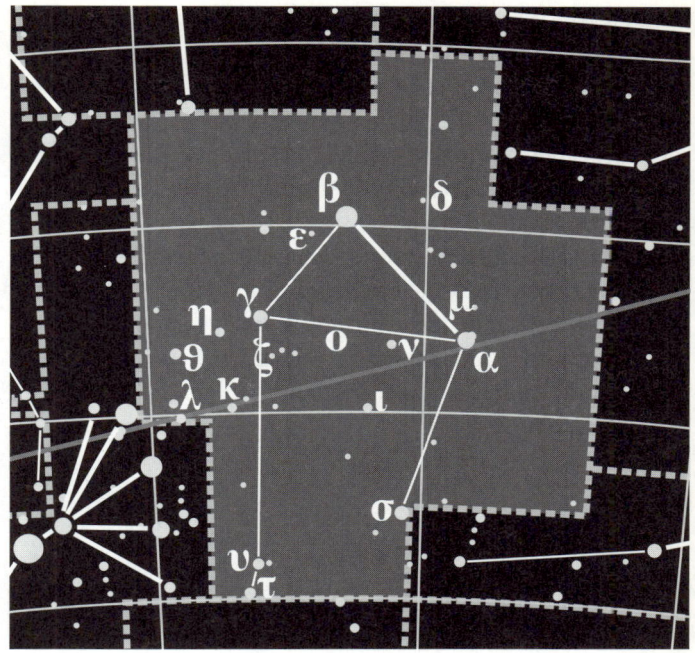

*Alles im Gleichgewicht – kann man so sehen, aber offenbar auch anders.*

(»nördlicher Stachel«) – in der Transkription, die sich in der Astronomie eingebürgert hat. Vielleicht ist es nur ein Zufall, vielleicht aber auch nicht, dass das im modernen Arabisch »Zaban« ausgesprochene Wort für Insektenstachel phonetisch dem akkadischen »Zibanitu« ähnelt, mit dem die babylonischen Astrologen jenes Sternbild benannten, das aber eben auch ein Wägeutensil bezeichnet. Vielleicht beruht die griechische Lesart also auf einem lautlichen Missverständnis bei der Übersetzung des akkadischen Wortes in eine andere antike semitische Sprache, über die es dann zu den Griechen kam. In jedem Fall sind die Römer hier ohne den üblichen Weg über die Griechen einer altorientalischen Tradition gefolgt, die mindestens bis zu den Sumerern zurückreicht, die das Sternbild bereits im dritten vorchristlichen Jahrtausend nach dem Instrument zur Feststellung von Gewichten benannt hatten.

Das fragliche Sternenmuster selber ist bei alldem freilich keine Hilfe. Die Konstellation ist unscheinbar, und welche Sterne man nun zu den beiden hellen, weil heißen und vergleichsweise nahen Hauptsternen hinzunimmt, ist eigentlich beliebig. Was sich uns zeigt, ist einmal mehr eher von uns abhängig als von dem uns Gezeigten.

# Walfisch

**W**ale sind keine Fische, schon klar. So weit war die Meeresbiologie aber noch nicht, als man dem von Perseus besiegten Seemonster Ketos dieses Sternbild zuschrieb. Spätestens bei Homer ist Ketos das griechische Wort für jede Art Meerestier, das größer ist als ein Delphin oder ein Seehund. Das lateinische »Cetus« bedeutete nichts anderes, bis man es in der Neuzeit zur Benennung der Säugetierordnung Cetacea, der Wale also, heranzog. Das Liniengebilde mit dem die Konstellation meist dargestellt wird, erinnert indes eher an einen langhalsigen marinen Saurier der Jurazeit.

Hauptsache, ein Wassertier, könnten sich einige Sternenkundige zu Babylon gedacht haben, als eine Himmelserscheinung sie im Jahr 7 v. Chr. zu einer Reise veranlasste: Eine dreimalige nahe Begegnung der Planeten Jupiter und Saturn im Sternbild Fische – hart an der, damals noch nicht scharf definierten, Grenze zum Walfisch. Für die babylonische Astrologie war Jupiter der »Königstern«, Saturn der »Beständige«, und die Fische repräsentierten unter anderem das Gebiet Israels. Das habe den Gelehrten die Geburt eines großen Königs in Israel

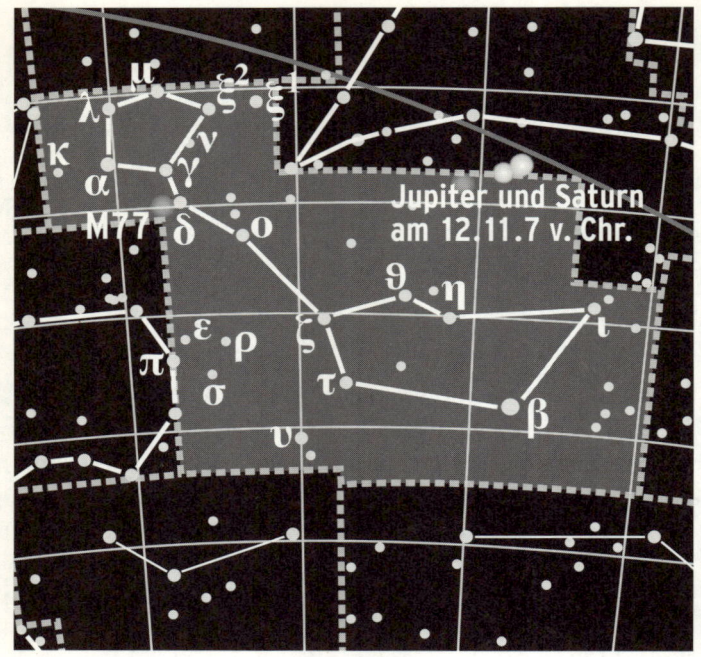

*Wundersame Sterne gibt es im Sternbild Walfisch noch heute.*

signalisiert, so deutete der österreichische Astronom Konradin Ferrari d'Occhieppo (1907 bis 2007) den beim Evangelisten Matthäus überlieferten Bericht vom Stern von Bethlehem. Es ist die beliebteste, aber lange nicht die einzige Theorie dazu. Eine Serie noch engerer Begegnungen Jupiters mit der Venus in den Jahren 2 und 3 v. Chr. kommt ebenfalls in Frage. Aber da Matthäus zu jener Zeit selbst noch nicht auf der Welt gewesen sein dürfte, sind bei ihm vielleicht auch Erinnerungen an beide

Ereignisse zusammengeflossen. Welches davon Hirten wie Weisen die Geburt Jesu verkündet haben könnte, dürfte sich kaum mehr feststellen lassen.

Doch einen anderen Wunderstern hat diese Himmelsregion noch heute: o Ceti alias Mira (»die Wundersame«) ist die meiste Zeit kaum bis gar nicht zu sehen, aber etwa alle elf Monate wird er fast so hell wie der Polarstern. Mira ist ein pulsierender Riesenstern, dessen rot glimmende Gashülle auf einen kompakten Begleitstern überfließt. Im Jahr 2007 fand man heraus, dass Mira einen 13 Lichtjahre langen Schweif hinter sich herzieht. Er leuchtet zwar nur im Ultravioletten und wäre daher für die Weisen aus dem Morgenland auch dann nicht zu sehen gewesen, wenn er näher stünde als die 420 Lichtjahre, die Mira von der Erde trennt. Doch ansonsten ähnelt er durchaus dem Schweif der traditionellen kometenförmigen Darstellungen jener Bethlehemer Himmelserscheinung an unseren Weihnachtskrippen.

# Wassermann

**W**ann dämmert uns endlich das Wassermannzeitalter? Hüpfende Hippies hatten ja bereits 1968 in »Hair«, dem Musical, »the dawning of the age of aquarius« verkündet. Die Idee geht zurück auf Okkultisten allerlei Couleur. Sie unterteilten die etwa 26 000 Jahre eines Umlaufes der Erdachsen-Taumelbewegung, der sogenannten Präzession, in zwölf Zeitalter und teilten wiederum jedem ein Tierkreiszeichen zu – je nachdem, im welchen sich der Frühlingspunkt befindet. Darunter versteht man denjenigen der beiden Schnittpunkte von Erdbahn- und Äquatorebene, in dem die Sonne zu Frühlingsbeginn steht.

Nun ist das Sternbild Wassermann von alters her etwas Besonderes. Obwohl die Konstellation recht unscheinbar ist, bezeichneten sie die Babylonier mit dem sumerischen Wort »gu la« für »groß«. Tatsächlich ging sie vor dreitausend Jahren um die Zeit der Tagundnachtgleiche mit der Sonne auf, was im alten Mesopotamien zugleich den Beginn der Regenzeit markierte. »Der Große« dürfte Enki gewesen sein, der sumerische Gott des Süßwassers, der oft mit aus beiden Schultern sprudelnden Wasserströmen dargestellt wurde.

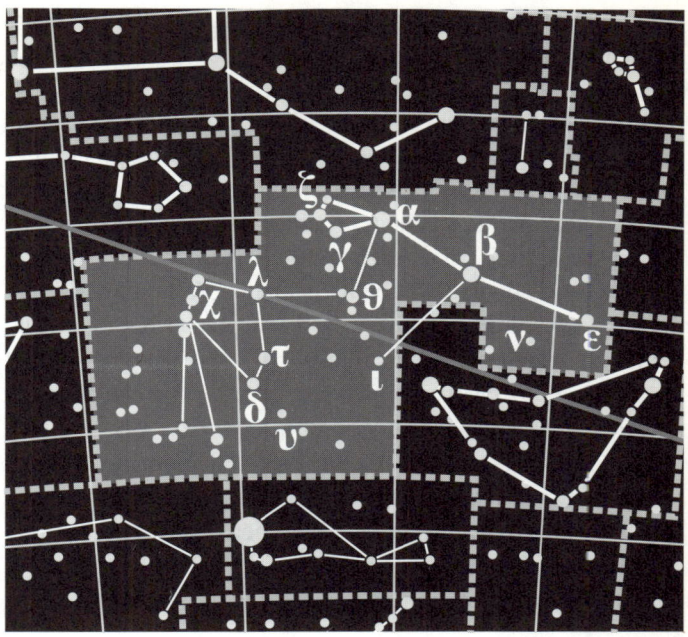

*Wasser gießt der Mann über die scheinbare jährliche Sonnenbahn (graue Linie).*

Als »Wassergießer« (griechisch »hydrochoos«) kam das Sternbild über Babylon zu den Griechen und animierte sie zu bildlicher Deutung. So lässt sich in der Verbindungslinie der Sterne α und β Aquarii der Rumpf eines Mannes erkennen, der aus einem durch λ, τ, δ und χ Aquarii gebildeten Krug Wasser gießt. Die Griechen sahen in ihm entweder Deukalion, den Überlebenden der Sintflut, oder den troischen Prinzen Ganymed, welchen Zeus in einer päderastischen Anwandlung in den Olymp entführte, wo er fortan die Götter mit Getränken zu versorgen hatte. Das heute für den Wassermann beliebte Emblem eines Meermannes mit Dreizack ist eine moderne Fehldeutung.

Gänzlich modern ist auch die Idee mit dem Wassermannzeitalter, das nun das wahlweise vom Christentum oder einer materialistischen Rationalität verdorbene Zeitalter der Fische ablösen und die Menschheit auf eine kosmisch-ganzheitliche Bewusstseinsstufe heben soll. Wann genau, darüber sind sich die New-Age-Theoretiker ebenfalls uneins. Astronomisch tritt der Frühlingspunkt erst um das Jahr 2600 in das Sternbild Wassermann. Dagegen lässt sich anführen, dass die am Himmel sichtbaren Konstellationen nichts mit den Tierkreiszeichen der Astrologen zu tun haben.

Was sie stattdessen sind, darüber scheinen die Ansichten so weit auseinanderzugehen, dass die Angaben zum Anbruch des Wassermannzeitalters zwischen den Jahren 1447 und 3597 n. Chr. schwanken. Eine Mehrheit der Astro-Propheten des 20. Jahrhunderts legte ihn selbstredend ins 20. Jahrhundert.

# Wasserschlange

Die neunköpfige Hydra (griechisch für »Wasserschlange«) zählt zu den bekanntesten Monstern der antiken Sagenwelt. Dort terrorisierte sie einst die Gegend um Lerna in der Argolis, bis Herakles kam und sie tötete. Das gelang ihm, weil sein Neffe Iolaos dem Untier die Stümpfe der abgeschlagenen Köpfe ausgebrannt und so verhindert hatte, dass für jeden gekappten Kopf zwei neue nachwuchsen.

Dafür, dass es sich bei dem Sternbild Wasserschlange um die Hydra von Lerna handelt, spricht die Nähe des Sternbildes Krebs direkt über ihr. Das wäre dann der Krebs, der Herakles in den Fuß zwickte und daraufhin von ihm zertreten wurde. Dagegen sprechen die Entfernung der Hydra vom Sternbild Herkules und der Umstand, dass die Wasserschlange am Firmament nur einen einzigen Kopf aufweist. Spätestens seit Eratosthenes verbindet man die Konstellation daher eher mit der Sage vom Raben und dem Becher, deren Sternbilder sich rechts des Sternes ψ Hydrae respektive links von ν Hydrae anschließen. Diese Geschichte ist nicht so gut wie die von den Taten des Herakles, und so ersparen wir uns hier ihre Wiedergabe und zeigen dafür einen größe-

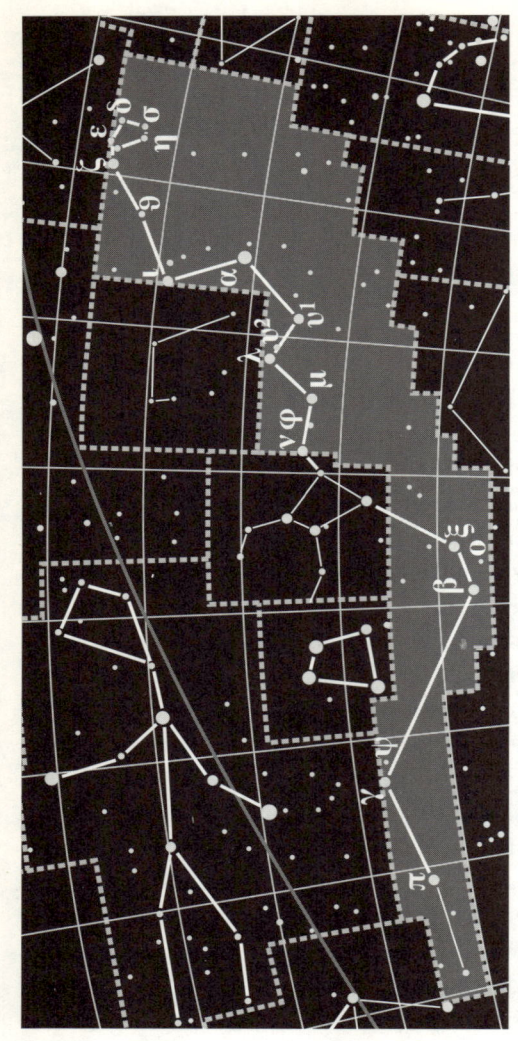

Monströs:
Die Wasserschlange ist das größte der 88 modernen Sternbilder.

ren Ausschnitt aus der Sternkarte. Denn die Wasserschlange ist das größte und längste aller 88 Sternbilder des Firmaments. Sie erstreckt sich über mehr als ein Viertel des Himmelrunds, wobei sie in Europa nur etwa südlich von Hamburg, und nur im Frühling, in voller Länge zu sehen ist. Abends kriecht sie dann tief den südwestlichen Horizont entlang. Viel zu sehen ist dabei allerdings nicht. Der Hauptstern α Hydrae ist der bei weitem hellste der Konstellation und heißt nicht umsonst Alphard – vom arabischen al-fard »der Einzelne«.

Von dem, was sich erst im Fernrohr offenbart, ist der planetarische Nebel NGC 3242, südlich von μ Hydrae gelegen, vielleicht am eindrucksvollsten. Diese abgestoßene Hülle eines ausgebrannten Sterns hat dort etwa die scheinbare Ausdehnung des Jupiter und heißt daher »Jupiters Geist«. Doch um diese Assoziation für eine schöne Geschichte zu verwenden, dazu waren die neuzeitlichen Himmelskundler leider nicht mehr phantasievoll genug.

# Widder

»**S**chwach ist es und sternenlos wie bei Mondschein, aber anhand des Gürtels der Andromeda kannst du es finden, denn es
steht ein wenig unter ihr.« So ist das Sternbild Widder bei Aratos
von Soloi um 250 v. Chr. in seinem Lehrgedicht »Phainomena«
(Himmelserscheinungen) beschrieben. »Sternenlos« ist zwar etwas übertrieben, aber tatsächlich ist dieses Tierkreiszeichen für
Sterngucker eine ziemliche Enttäuschung. Warum das so ist, das
hat sich Eratosthenes von Kyrene, der rationalistische Mytho-
graph, ein paar Jahrzehnte nach Aratos so erklärt: Jener Widder
habe sich selbst seines glänzenden Felles entledigt, bevor er von
den Göttern zur Ehre des Firmaments erhoben wurde. Denn bei
dem Tier handele es sich um kein Geringeres als um Chrysomallos (»Goldflocke«), den flugfähigen Widder, der den böotischen
Prinzen Phrixos gerettet hatte, als dieser aufgrund einer fiesen
Intrige seiner Stiefmutter geopfert werden sollte. Chrysomallos
hatte den Jungen nach Kolchis am Schwarzen Meer gebracht und
dort selbst darum gebeten, nun dem Zeus geopfert zu werden.
Sein Fell, das berühmte goldene Vlies, blieb in Kolchis, bis die
Argonauten unter Iason kamen und es sich holten.

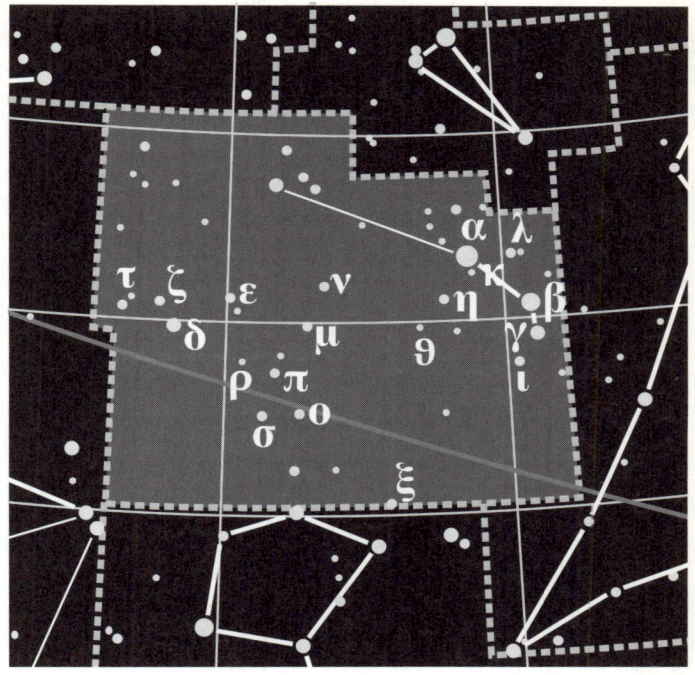

*Da ist beim besten Willen kein Hornvieh zu erkennen.*

Allerdings ist der Widder, wie die meisten prominenten antiken Sternzeichen, keine griechische Erfindung, sondern eine mesopotamische. Als Mul Lu chun ga, »Sternbild Mietarbeiter«, taucht er in babylonischen Gestirnslisten auf, wobei der dort gebrauchte sumerische Ausdruck »Lu« auch »Schaf« heißen kann, was möglicherweise später die griechische und damit unsere heutige Interpretationstradition begründet hat.

Trotz seiner visuellen Schwachbrüstigkeit ist der Widder (»Aries« im offiziellen Astronomenlatein) eines der prominentesten Sternbilder des Tierkreises, also der Linie entlang der scheinbaren Sonnenbahn (grau im Bild). Das liegt daran, dass die Sonne dieses Himmelsareal zum wichtigsten der vier Jahreszeitenwechsel passiert, dem vom Winter zum Frühling. Genauer: einst passiert hat. Im Jahr 130 vor Christus bestimmte der große Astronom Hipparch von Nikäa den sogenannten Frühlingspunkt – die Position der Sonne am Datum der Tag- und Nachtgleiche des Frühlingsanfangs – knapp südlich des Sternes γ Arietis. Doch aufgrund der langsamen Taumelbewegung der Erdachse hatte sich der Frühlingspunkt schon um Christi Geburt in das Sternbild Fische verschoben, wo er noch heute zu finden ist. Doch ficht die Astronomen das nicht an: Noch immer markieren sie jenen Punkt mit dem Symbol eines stilisierten Widderkopfes.

# Winkelmaß

**H**eraus in Massen! Auch wenn es die meisten Werktätigen am
1. Mai heutzutage eher in die Biergärten und Eisdielen zieht als
zum Schwenken roter Fahnen, so war das Hochfest der Arbeiter-
bewegung einmal attraktiv genug, dass Papst Pius XII. sich
veranlasst sah, dieses Datum zum zweiten Gedenktag des heiligen Joseph von Nazareth auszurufen, des Pflegevaters Jesu und
Patrons der Ingenieure und Arbeiter.

Da ist es doch fast ein wenig schade, dass das einzige Sternbild mit symbolischem Potential für die Industriearbeiterschaft
auf der Nordhalbkugel Anfang Mai schlecht oder gar nicht am
Nachthimmel zu sehen ist. Allerdings, Arbeiter hatte Nicolas
Louis de Lacaille ganz und gar nicht im Sinn, als er Mitte des
18. Jahrhunderts zwischen die antiken Sternbilder Altar und
Wolf die neue Konstellation »Norma et Regula« (Winkelmaß
und Lineal) setzte. Lacaille dachte eher an Seeoffiziere, die solches Gerät zur Navigation benötigten. Das Lineal ist im Namen
später weggefallen, man kann es sich aber in Gestalt einer Stre-
cke vom Stern $\kappa$ über $\theta$ zu $\lambda$ Normae hinzudenken.

Kenner des griechischen Alphabets und der Tradition, Sterne

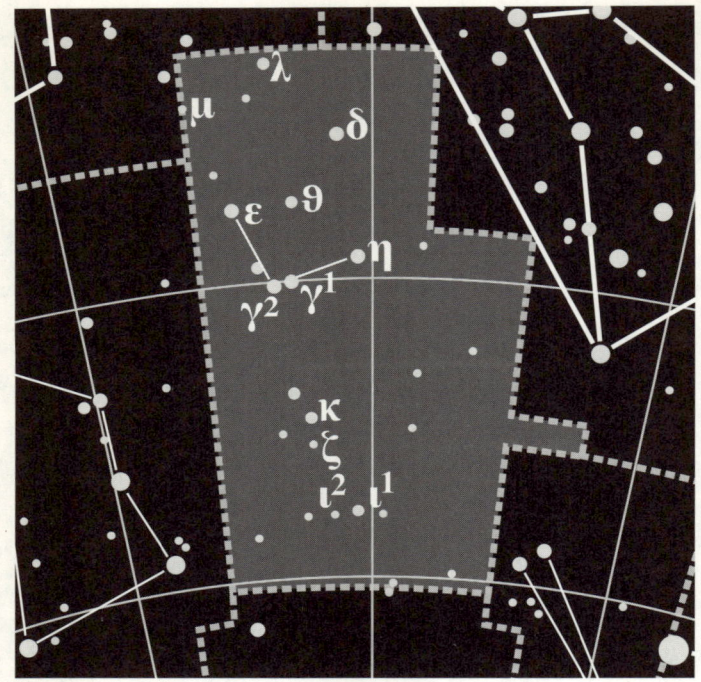

*Himmlisches Geodreieck. Das Lineal dazu ging leider verloren.*

alphabetisch nach fallender Helligkeit zu benennen, werden in obiger Karte α und β Normae vermisst. Tatsächlich wurden die Sterne, die Lacaille so benannt hatte, später dem nördlich benachbarten Skorpion zugeschlagen, und so blieb γ² Normae als hellstes Objekt. Wie der Skorpion liegt das Winkelmaß in einer an astronomischen Sehenswürdigkeiten eigentlich sehr reichen Region, dem Band der Milchstraße. Doch himmelsglobal gesehen, sind die tatsächlich zahlreichen Nebel und Sternhaufen dort allenfalls B-Prominenz und stehlen sich gegenseitig die Show.

Für Astronomen ist das von wabernden Materiewolken durchzogene Milchstraßengewimmel sogar etwas lästig, erschwert es doch den Blick auf die vielleicht interessanteste Struktur im Winkelmaß: Mit seinen 200 Millionen Lichtjahren Entfernung wäre der Norma-Galaxienhaufen allerdings auch ohne die galaktische Sichtbehinderung nur mit modernen Großteleskopen beobachtbar. Der Norma-Haufen liegt nahe dem Zentrum des sogenannten Großen Attraktors, einem Galaxien-Superhaufen, von dem man eine Zeitlang dachte, seine Schwerkraft sei für die Bewegung unserer Milchstraße durch den Raum maßgeblich verantwortlich. Im Jahr 2005 stellte sich aber heraus, dass der große Attraktor so groß gar nicht ist, sondern dass es eine noch viel riesigere Materieansammlung dahinter sein muss, die an der Milchstraße zieht.

# Wolf

Von der Wertschätzung, die der Mensch seinem vierbeinigen Freund entgegenbringt, zeugt unter anderem der Umstand, dass der Hund bereits in der Antike am Sternenhimmel vertreten war, und das gleich zweimal, im Großen und im Kleinen Hund. Da erscheint es fast etwas zu großzügig, dass auch noch die Wildform von Canis lupus ein eigenes Sternbild besitzt, dazu noch eins, das in einem der aufregendsten Sternenfelder des Firmaments liegt, der Scorpius-Centaurus-Assoziation.

Dies ist die sonnennächste stellare Kinderstube aus etwa 2000 Sternen, die erst im Laufe der letzten 30 Millionen Jahre entstanden sind. Neben astronomischen Superstars wie Antares im Skorpion oder den Hauptsternen des südlichen Kreuzes gehören auch die hellsten Objekte im Wolf dazu. Etliche sind blaue, heiße und entsprechend kurzlebige Riesensterne. Im thermonuklearen Kern von β Lupi etwa geht nach einer Lebenszeit von erst 25 Millionen Jahren das Brennmittel Wasserstoff zur Neige. Der Stern ist daher im Begriff, sich in einen roten Überriesen zu verwandeln. Noch ein paar zehn- bis hunderttausend Jahre und der Wolf hat eine rote Pfote.

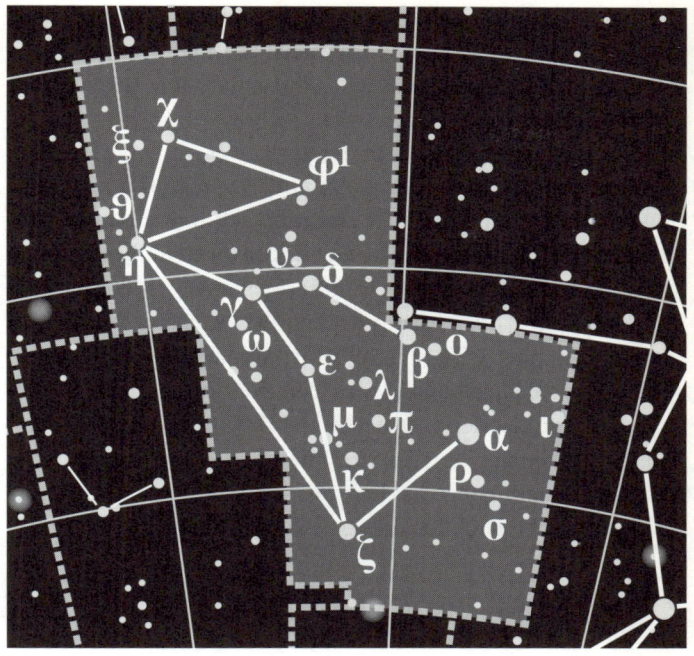

*Nicht sehr nett, wie der Kentaur (rechts am Rand) hier mit dem Vierbeiner umspringt.*

Allerdings, als Wolf firmiert das Sternbild erst seit der frühen Neuzeit. Da tauchte das Wort in lateinischen Übersetzungen des »Almagest« auf, des einflussreichen Astronomiebuches, das der Alexandriner Klaudios Ptolemaios im zweiten Jahrhundert verfasst hatte. Doch steht bei Ptolemaios nicht das griechische Wort für Wolf (lykos), sondern »thērion«, was allgemeiner »wildes Tier« bedeutet. Die Römer nannten die Konstellation

»bestia«. Außerdem sah man es im Altertum meist im Zusammenhang mit dem Kentaur im Westen (im Bild rechts) und dem weiter östlich sich anschließenden Sternbild Altar: Der Kentaur opfert das arme Vieh auf dem Altar.

Allerdings ist nirgendwo in der antiken Mythologie eine Geschichte überliefert, in der solch eine Szene vorkommt. Vermutlich ist sie den Griechen erst im Nachhinein eingefallen, nachdem sie das Wilde Tier von den Babyloniern übernommen hatten. Die kannten in jener Himmelsgegend ein Sternbild, das im »Mul Apin«, dem babylonischen Gestirnskatalog, als »Ur Idim« bezeichnet wird. Das Wort ist sumerisch und bedeutet »Toller Hund«, allerdings in des Adjektives unschönerer Bedeutung: Aus der Zeit der 3. Dynastie von Ur (um 2000 v. Chr.) sind Zaubersprüche zur Abwehr von Bissen eines Ur Idim überliefert, die eine tödliche Krankheit auslösen. Den dort beschriebenen Symptomen nach handelt es sich um Tollwut.

# Zirkel

**Z**eichen sind oft haltbarer als das von ihnen Bezeichnete. Nehmen wir die DDR. Ihre Hardware ist dahin. Die Berliner Mauer wurde zu Betonbröseln, und an den Palast der Republik erinnert allenfalls noch die Schlossdebatte. Doch welchen Deutschen, der die Jahre vor 1990 erlebt hat, beschlichen nicht noch immer einschlägige Erinnerungen beim Anblick eines Zirkels? Das Ingenieursutensil ersetzte im deutschdemokratischen Staatsemblem die bäuerliche Sichel des Kommunismus.

Ausgerechnet einen Zirkel aber gibt es auch als Sternbild. Es handelt sich allerdings um den eines Navigators, und es gibt ihn bereits seit 1756. Nicolas Louis de Lacaille, dem das Firmament auch so manch anderen nautischen Krimskrams verdankt, war der Ansicht, vor den Vorderhufen des Zentauren müsse noch so ein fortschrittsfrohes Sternbild hin. Die Stelle ist in unseren Breiten nie über dem Horizont zu sehen. Und auf der Südhalbkugel muss man schon in den für Südafrikaurlaube weniger üblichen Monaten von April bis Juli weilen, um den Zirkel am Abendhimmel zu sehen.

Allerdings hat man auch dann seine liebe Not, ihn zu erken-

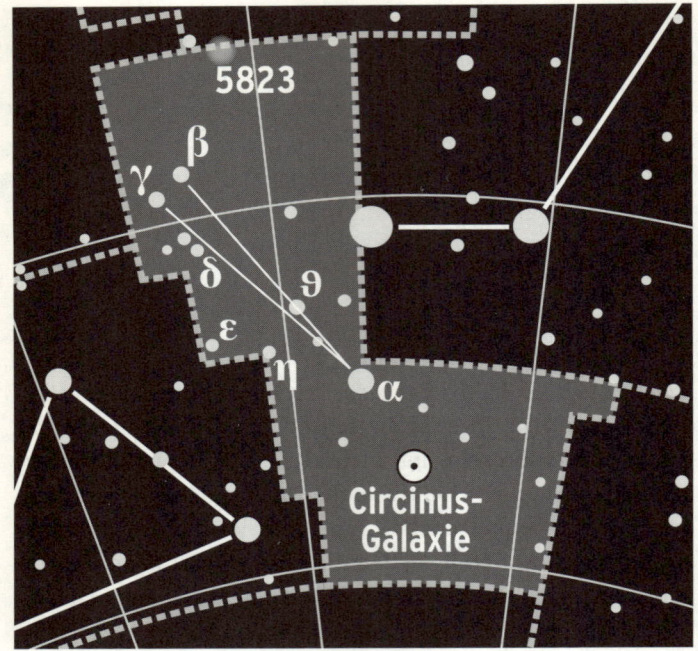

*Wenig hell: der Zirkel.*

nen. Der Größe des ihm zugewiesenen Himmelsareals nach ist
es das viertkleinste aller 88 Sternbilder. Und seine Hauptsterne
haben es im Gewimmel des Milchstraßenbandes und der unmittelbaren Nachbarschaft des sehr hellen Sterns Alpha Centauri
schwer, Aufmerksamkeit zu erregen. Die einzige astronomische
Attraktion ist die südwestlich von α Circini gelegene Galaxie ESO
97-G13. Aufgrund ihrer aus Erdperspektive großen Nähe zur
Hauptebene der Milchstraße mit ihren Gas- und Staubwolken

wurde die Circinus-Galaxie, wie sie meist genannt wird, erst spät entdeckt. Dabei liegt sie mit 13 Millionen Lichtjahren Entfernung praktisch in unserer galaktischen Nachbarschaft.

Sie ist sogar die uns nächste unter den sogenannten aktiven Galaxien, deren Kern gewaltige Energiemengen freisetzt. Vermutlich wütet dort ein riesenhaftes Schwarzes Loch, wie es im Zentrum so ziemlich jeder Galaxie steckt, aber nur in einigen nah genug von Materiewolken umgeben ist, dass es sie sukzessive verschlucken und dabei teilweise in Strahlungsenergie umwandeln kann. Es spricht manches dafür, dass solche Aktivität keinen Dauerzustand darstellt. Und so könnte dem Schwarzen Loch der Circinus-Galaxie schon der Stoff ausgegangen sein, während das Gleißen seiner aktiven Phase noch immer durchs All eilt und den Astronomen in ihre Instrumente leuchtet. Als Zeichen von etwas, das es längst nicht mehr gibt.

# Zwillinge

Im Gegensatz zur Theologie ist die Astrologie eine Lehre von sichtbaren Dingen: von Gestirnkonstellationen, die nach beschreibbaren Gesetzen Menschen und Schicksale für dieses oder jenes geneigt machen sollen. Deswegen ist bei Letzterer auch ein Glaubensabfall unter Berufung auf externe Evidenz möglich. Dem Verfasser passierte das im Alter von etwa 15 Jahren. Bis dahin hatte er aufgrund eines Missverständnisses gemeint, sein Sternzeichen sei der Stier, und sich in dem darunter Kolportierten immer gut wiedergefunden. Dann musste er erkennen: In Wahrheit war er im Zeichen der Zwillinge (lateinisch Gemini) geboren – zwar nur gerade eben so, doch das tröstete wenig, denn astrologisch sollte er nun schon immer ein anderer gewesen sein.

Nun wäre wohl so mancher lieber ein starker Stier denn einem Sternzeichen zugehörig, das mit der Geschwisterliebe, die es thematisiert, zugleich die Assoziation gewisser Weichheit aufkommen lässt. Allerdings, in dem Mythos von den Dioskuren (»Zeussöhnen«) Kastor und Polydeukes, den Eratosthenes für dieses Sternbild heranzieht, sind die Zwillinge wahre Actionhel-

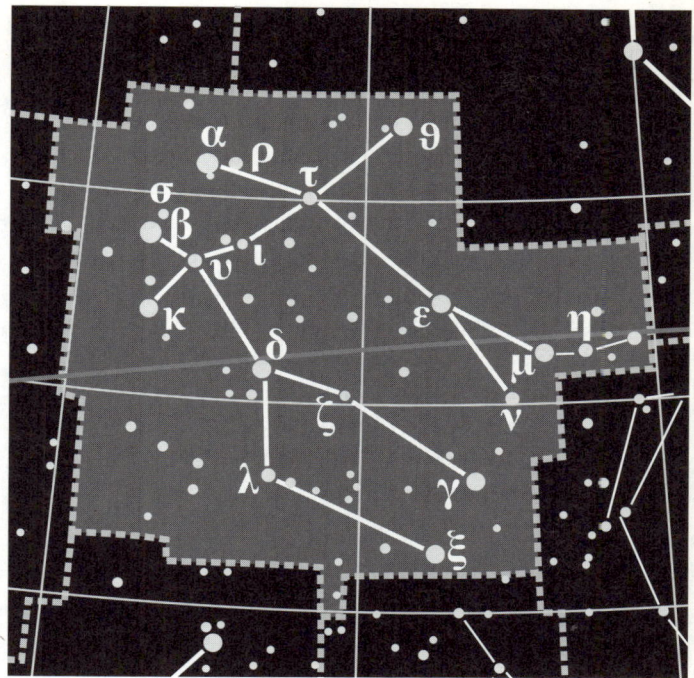

*Auf ewig vereint: Castor und Pollux.*

den. Aufgrund einer komplexen Empfängnis war nur Polydeukes (latinisiert Pollux) göttlicher Abkunft und unsterblich. Nach dem Tod Kastors im Kampf gegen Idas und Lynkeus – einem anderen mythischen Zwillingspaar, mit dem sich die beiden zerstritten hatten – bat Polydeukes den Zeus um die Gnade, mit seinem Bruder in Ewigkeit vereint bleiben zu dürfen.

So wurden beide verstirnt und ihre Häupter zu den Sternen

α Geminorum alias Castor und β Geminorum alias Pollux. Letzterer mag den göttlichen der Brüder repräsentieren, doch astronomisch ist Castor der interessantere: Er ist in Wahrheit nicht ein Stern, sondern besteht aus drei einander umkreisenden Systemen aus jeweils zwei Sternen. Damit ist vielleicht doch die Deutung vorzuziehen, welcher der große antike Astronom Ptolemaios anhing: Demnach stehen dort nicht die Dioskuren, sondern Herakles und Apollon. Letzterem, dem Voll-Gott, ist dabei jenes Sechsfachsystem zugeordnet, dem Halbgott dagegen der vergleichsweise schnöde β Geminorum. Nun waren Apollon und Herakles zwar Brüder, aber keineswegs Zwillinge – und viel miteinander zu tun haben die beiden in den Sagen auch nicht. Doch die Kombination aus Geist (Apoll) und Kraft (Herakles) machte sie zu einem Sternzeichen, das für manche der darunter Geborenen vielleicht attraktiver wäre.

# Anhang

# Allgemeines Register

# Das griechische Alphabet

α – Alpha
β – Beta
γ – Gamma
δ – Delta
ε – Epsilon
ζ – Zeta
η – Eta
ϑ – Theta
ι – Iota
κ – Kappa
λ – Lambda
μ – My

ν – Ny
ξ – Xi
ο – Omikron
π – Pi
ρ – Rho
σ – Sigma
τ – Tau
υ – Ypsilon
φ – Phi
χ – Chi
ψ – Psi
ω – Omega

# Verzeichnis der lateinischen Namen der Sternbilder

Andromeda – Andromeda
Antlia – Luftpumpe
Apus – Paradiesvogel
Aquarius – Wassermann
Aquila – Adler
Ara – Altar
Aries – Widder
Auriga – Fuhrmann

Boötes – Bärenhüter

Caelum – Grabstichel
Camelopardalis – Giraffe
Cancer – Krebs
Canes Venatici – Jagdhunde
Canis Maior – Großer Hund
Canis Minor – Kleiner Hund
Capricornus – Steinbock
Carina – Schiffskiel
Cassiopeia – Kassiopeia
Centaurus – Kentaur
Cepheus – Kepheus

Cetus – Walfisch
Chamaeleon – Chamäleon
Circinus – Zirkel
Columba – Taube
Coma Berenices – Haar der
    Berenike
Corona Australis – Südliche Krone
Corona Borealis – Nördliche Krone
Corvus – Rabe
Crater – Becher
Crux – Kreuz des Südens
Cygnus – Schwan

Delphinus – Delphin
Dorado – Schwertfisch
Draco – Drache

Equuleus – Füllen
Eridanus – Eridanus

Fornax – Chemischer Ofen

Gemini – Zwillinge
Grus – Kranich

Hercules – Herkules
Horologium – Pendeluhr
Hydra – Wasserschlange
Hydrus – kleine, südliche oder
    männliche Wasserschlange

Indus – Indianer

Mensa – Tafelberg
Monoceros – Einhorn
Musca – Fliege

Norma – Winkelmaß

Lacerta – Eidechse
Leo – Löwe
Leo Minor – Kleiner Löwe
Lepus – Hase
Libra – Waage
Lupus – Wolf
Lynx – Luchs
Lyra – Leier

Microscopium – Mikroskop

Octans – Oktant
Ophiuchus – Schlangenträger
Orion – Orion

Pavo – Pfau
Pegasus – Pegasus
Perseus – Perseus

Phoenix – Phönix
Pictor – Maler
Pisces – Fische
Piscis Austrinus – Südlicher Fisch
Puppis – Achterschiff
Pyxis – Kompass

Reticulum – Netz

Sagitta – Pfeil
Sagittarius – Schütze
Scorpius – Skorpion
Sculptor – Bildhauer
Scutum – Schild
Serpens – Schlange
Sextans – Sextant

Taurus – Stier
Telescopium – Fernrohr
Triangulum – Dreieck
Triangulum Australe – Südliches
    Dreieck
Tucana – Tukan

Ursa Maior – Große Bärin
Ursa Minor – Kleine Bärin

Vela – die Segel
Virgo – Jungfrau
Volans – Fliegender Fisch
Vulpecula – Füchschen

# Verzeichnis nicht mehr aktueller Sternbildnamen

Apis – Biene
Argo navis – Schiff Argo
Cerberus – Zerberus
Custos messium – Erntehüter
Equuleus pictoris – Staffelei des Malers
Honores Friderici – Friedrichs Ehren
Mons Maenalus – Berg Mänalus
Norma et regula – Winkelmaß und Lineal
Phoenicopterus – Flamingo
Quadrans muralis – Mauerquadrant
Robur Carolinum – Karlseiche
Ragnifer – Rentier
Rhombus – Raute
Sceptrum et manus justitiae – Szepter und Hand der Gerechtigkeit
Scutum Sobiescianum – Sobieskis Schild
Telescopium Herschelii – Herschels Teleskop
Vespa – Wespe

# Ulf von Rauchhaupt
## Die Ordnung der Stoffe
Ein Streifzug durch die Welt der chemischen Elemente

Band 18590

112 Elemente sind im Periodensystem versammelt. Kupfer, Gold und Eisen kennt man, doch was hat es mit Ytterbium, Hassium oder Californium auf sich? Ulf von Rauchhaupt streift durch die Welt der Elemente von Actinium bis Zirkonium, erläutert die chemischen Hintergründe und gibt Beispiele aus dem Alltag ihrer Anwendungen. Eine so lehrreiche wie spannende Lektüre, die nichts mit dem Chemieunterricht aus der Schule gemeinsam hat.

»Für viele Menschen ist Chemie ein Buch
mit sieben Siegeln. Glücklicherweise gibt es Ulf von
Rauchhaupt, der in dem Taschenbuch ›Die Ordnung
der Stoffe‹ dem Laien die schwierige Materie
verständlich und humorvoll erklärt.«
*Mindener Tageblatt*

Das gesamte Programm gibt es unter
www.fischerverlage.de

Ulf von Rauchhaupt
**Der neunte Kontinent**
Die wissenschaftliche Eroberung des Mars
Band 17864

Kein Planet fasziniert uns Erdenbewohner so wie der Mars. Liegt es daran, dass der Mars der Erde am ähnlichsten ist? Seit sich im 17. Jahrhundert die ersten Fernrohre auf ihn richteten, nährt sein geheimnisvolles Aussehen die wildesten Spekulationen. Inzwischen gehört er nach der Erde zu den bestuntersuchten Himmelskörpern überhaupt, doch das hat den Spekulationen kein Ende gesetzt: Ist Leben auf dem Mars möglich? Werden wir ihn eines Tages so bewohnen wie die Erde? Welche Aufschlüsse geben all die Daten, die bisher gesammelt worden sind? In seinem spannenden Buch gibt Ulf von Rauchhaupt Auskunft und erzählt von einem faszinierenden Planeten und seiner wissenschaftlichen Erforschung.

»Selten ein so spannendes Buch über
den Mars gelesen. Ein Muss für den, dessen Interessen
über unser Erdenrund hinausgehen.«
*VDI nachrichten*

»ein elegant geschriebenes und informatives Buch über
unseren äußeren Nachbarn im Sonnensystem«
*Sterne und Weltraum*

Das gesamte Programm gibt es unter
www.fischerverlage.de

Martin Bojowald
**Zurück vor den Urknall**
Die ganze Geschichte des Universums
Band 18060

Der junge Physiker Martin Bojowald hat in der Fachwelt
Aufsehen erregt, weil es ihm gelungen ist, einen mathematischen Blick in die Zeit vor dem Urknall zu werfen. In seinem
Buch erklärt er nun packend und anschaulich die physikali-
schen Hintergründe, erläutert die verblüffenden Erkennt-
nisse und nimmt seine Leser mit auf eine atemberaubende
Reise durch die heutige Kosmologie zurück zum Ursprung
unseres Universums – und in die Zeit davor.

»Ein deutscher Physiker hat sich aufgemacht,
Einsteins Werk zu vollenden.«
*Der Spiegel*

Fischer Taschenbuch Verlag

Anna Frebel
**Auf der Suche nach den ältesten Sternen**
352 Seiten. Gebunden

Anna Frebel, junger Shooting-Star der Astrophysik, hat den ältesten bislang bekannten Stern gefunden und damit einen wichtigen Schlüssel zum Verständnis des gesamten Universums. In ihrem Buch erzählt sie anschaulich und aus erster Hand, was uns das über die Sterne, den Himmel und den Kosmos verrät. Ein faszinierender Blick in die Tiefe des Alls und der Zeit und ein lebensnaher und aktueller Bericht darüber, wie Naturwissenschaft heute betrieben wird.

»Das Buch gibt in 11 Kapiteln eine gelungene Übersicht [...]
Es macht Spaß, diesen Einblicken zu folgen.«
*Physik Journal*

»Das Buch gibt einen erhellenden Einblick
in die Astrophysik der Sterne und die Geschichte
des Universums.«
*Spektrum der Wissenschaft*

»Anna Frebel ist nicht nur eine genaue und
vorurteilsfreie Beobachterin des Alls, sie weiß darüber
auch fesselnd zu schreiben.«
*Deutsche Business Vogue*

Das gesamte Programm gibt es unter
www.fischerverlage.de

# Donal O'Shea
## Poincarés Vermutung
Die Geschichte eines mathematischen Abenteuers
Aus dem Amerikanischen von Hartmut Schickert

Band 17663

Die Poincarésche Vermutung ist eines der sieben größten mathematischen Probleme aller Zeiten. Donal O'Shea erklärt in seinem spannenden Buch die mathematischen Hintergründe und erzählt von den vielen Genies, die mit ihren bahnbrechenden Arbeiten die Vermutung vorbereitet haben. 1904 formuliert, verzweifelten ein Jahrhundert lang die brillantesten Mathematiker an ihrer Lösung – bis der Russe Gregorij Perelman kam, der bei seiner Mutter lebt, Opern liebt und das Preisgeld von einer Million Dollar ablehnte. Packend wie ein Roman ist »Poincarés Vermutung« eine Reise in die abenteuerliche Geschichte der Mathematik und ein faszinierendes Porträt der Menschen, die sie betreiben.

»Donal O'Shea [...] erzählt nun nicht nur die Geschichte von Grigorij Perelman, sondern auch die Mathematik dazu.
Es ist ein Meisterwerk geworden.«
*Spektrum der Wissenschaft*

»Fast ohne Formeln erschließt O'Shea fesselnd, ja bisweilen unterhaltsam Geschichte und Denkwelt seiner Zunft.«
*KulturSpiegel*

## Fischer Taschenbuch Verlag